单颗粒荧光成像研究 GPCR 运动与聚集

王倩　郭钢　黄方　著

U0809519

中国石化出版社

·北京·

图书在版编目(CIP)数据

单颗粒荧光成像研究 GPCR 运动与聚集 / 王倩，郭钢，黄方著. -- 北京 ：中国石化出版社，2024. 4
ISBN 978-7-5114-7500-8

Ⅰ. ①单… Ⅱ. ①王… ②郭… ③黄… Ⅲ. ①荧光标识-研究 Ⅳ. ①O482. 31

中国国家版本馆 CIP 数据核字(2024)第 085296 号

中国石化出版社出版发行

地址：北京市东城区安定门外大街 58 号
邮编：100011　电话：(010)57512500
发行部电话：(010)57512575
http://www.sinopec-press.com
E-mail：press@sinopec.com
北京艾普海德印刷有限公司印刷
全国各地新华书店经销
*
710 毫米×1000 毫米 16 开本 8.5 印张 172 千字
2024 年 4 月第 1 版　2024 年 4 月第 1 次印刷
定价：68.00 元

前　言

G 蛋白偶联受体(G Protein-Coupled Receptor, GPCR)是一大类横跨细胞膜的受体蛋白，目前仅见于真核生物中，并参与诸多细胞信号转导过程。研究表明，GPCR 的生物功能既与其单体形式有关，也与其聚集体形式相关。其中，C 家族 GPCR 已经被公认为会形成受体聚集体。然而，对于以趋化因子受体 CXCR4(C-X-C chemokine receptor type 4)为代表的 A 家族 GPCR 聚集与功能研究相对较少。目前，受体聚集研究方法主要包括免疫共沉淀技术、生物发光共振能量转移、荧光共振能量转移技术等，但这些系综方法仅能得到聚集体的存在与否，难以具体分析其聚集状态、研究其分布及动态相互作用。单分子荧光成像技术可直接观察到活细胞膜上单个 GPCR，并通过检测荧光分子的亮度或漂白阶数可判定所标记受体是否存在二聚、三聚等寡聚体。然而，当前单分子荧光技术常使用基因表达的荧光蛋白和光学稳定性欠佳的有机荧光染料作为标记物，在研究 GPCR 的聚集与动态相互作用时受到诸多限制。本专著通过使用荧光性能优异的纳米颗粒作为 GPCR 标记物，并结合机器学习算法，发展了实时快速准确的单颗粒荧光成像技术，已将其应用于 GPCR 运动、聚集与功能的研究。其主要内容如下：

1. 针对目前荧光标记物因存在易漂白、闪烁，难以实现膜蛋白长时间跟踪的问题，设计、合成了一种非闪烁的高稳定性荧光碳点，将其与抗体相结合，特异性标记细胞膜上CXCR4受体，实现了膜蛋白的长时间跟踪，系统表征了CDs的化学结构、光学性质，评估了其细胞毒性，并将其应用于细胞成像；同时使用该CDs为探针，利用单颗粒荧光示踪技术探究了CXCR4在细胞膜上的运动状况以及配体诱导受体激活过程中CXCR4的扩散动力学的变化。结果表明，该非闪烁的CDs在细胞成像和长时间追踪受体运动与聚集方面具有很大的应用潜力，并初步证实配体可诱导受体的聚集。

2. 为了提高单分子荧光成像技术研究受体蛋白聚集的准确率，快速、实时追踪受体单体与聚集体之间的动态过程及下游信号转导，结合机器学习算法，发展了一种快速且准确率高于98%的深度学习辅助单颗粒荧光示踪的方法，搭建了一个由卷积层、池化层、全连接层组成的卷积神经网络深度学习模型，评估了该模型的准确率、泛化能力、迁移性等，验证了模型的可靠性。该模型实现了受体蛋白单体与复合物的准确识别，实时跟踪了单分子水平上的受体蛋白的相互作用，详细研究了细胞膜上CXCR4蛋白在配体刺激前后，受体运动状态、聚集状态的变化以及下游内化信号传导过程的差异。实验结果进一步证明，在配体刺激后CXCR4会经历形成受体复合物的动态过程，且复合物倾向于通过网格蛋白依赖性途径，以比单体高2.5倍的速度被内化到细胞内。

3. 为了实现受体蛋白在时间、空间上聚集状态的具体分析，并探究其聚集形成机制，利用 CDs 爆发性闪烁的特性，设计并搭建了一个由卷积神经网络、长短时记忆网络及全连接网络构成的多层神经网络深度学习模型，发展了一个可以快速准确具体地识别 CDs 闪烁的深度学习技术；评估了该技术的准确率，利用该技术深入分析了细胞膜上的 CXCR4 聚集问题，比较了不同刺激对 CXCR4 聚集的调控，同时探究了聚集的形成机制。结果表明，CXCR4 在 Hela 细胞膜上主要以单体形式存在，仅存在很少的二聚体和高阶寡聚体。激动剂可以有效调控 CXCR4 的聚集状态，当肌动蛋白破坏后，CXCR4 聚集明显降低，表明肌动蛋白细胞骨架在受体聚集中发挥着重要作用。这些结果将有助于更深入了解 CXCR4 蛋白的结构与功能，并指导趋化因子受体相关药物的发展与设计。

创新点如下。

1. 多数荧光探针存在易漂白、会闪烁、不稳定的特点，这些特点阻碍了其成为单分子示踪或荧光定量分析的理想探针。为此，通过将丰富的芳香结构堆叠到碳核中心的策略，成功发展了一种耐漂白、不闪烁且生物相容性好的荧光碳点，并将其应用于细胞成像和长时间受体蛋白示踪，打破了碳点不能用于受体蛋白追踪的常规。

2. 为了提高单分子荧光成像技术研究受体蛋白聚集的准确率，结合深度学习模型，发展了一种快速且准确率高于98%的深度学习辅助单颗粒荧光示踪的方法，实现了受体蛋白单体与复合物的准确识别，实时追踪了单分子水平上受体蛋白的相互作用，详细探究了细胞膜上 CXCR4 蛋白在配体刺激前后，受体运动、聚集状态的变化以及下游内化信号传导过程的差异。

3. 为了实现受体蛋白聚集状态的具体分析，首次利用碳点爆发性闪烁的特性，设计并搭建了一个由卷积神经网络、长短时记忆网络及全连接网络构成的多层神经网络深度学习模型，发展了一种可以快速准确具体分析细胞膜上受体蛋白聚集的方法，比较了不同刺激对受体聚集的影响，并证实了受体聚集的形成机制与肌动蛋白细胞骨架密切相关。

本书的出版获“西安石油大学优秀学术著作出版基金”“教育部‘春晖计划’合作科研项目(202200844)、中国博士后科学基金(2022MD723840)、陕西省博士后科研项目(2023BSHYDZZ162)、陕西省自然科学基础研究计划项目(2023-JC-QN-0122)、陕西省科协青年人才托举计划项目(20230622)”的资助！也感谢李永飞老师、黄方老师、何化老师在本书撰写过程中提供的无私帮助！由于作者学识有限，加之时间仓促，难免有些观点和见解存在不当之处，恳请广大读者批评指正。

目　录

1 绪　　论

1.1 GPCR 简介及运动与聚集的研究意义

据文献报道，膜蛋白的聚集是蛋白行使功能的基础，其聚集状态、组成形式的变化与包括癌症在内的各种人类疾病有关。许多重要的蛋白以多聚体或具有不同亚基蛋白复合物的形式在各种细胞过程中发挥关键作用，包括信号转导、离子运输和免疫反应。例如，细胞膜上的大多数受体，如表皮生长因子受体、G 蛋白偶联受体(GPCRs)等通过配体诱导的二聚或寡聚化触发特定的细胞信号通路。因此，蛋白聚集对研究蛋白结构与功能关系以及基于蛋白质复合物的分子药物的发展具有重要意义。

G 蛋白偶联受体(G-Protein-Coupled Receptors，GPCRs)有七次跨膜 α 螺旋(由 25-35 氨基酸残基组成)，又称七次跨膜螺旋受体蛋白。这些螺旋高度疏水，通过 3 个胞外环和 3 个胞内环连接，其 C 端在胞内，N 端在胞外。目前，已经发现了近千种 GPCRs。尽管其结构相近，但是相似度仅为 15%，尤其是氨基酸序列(包括 N 端、C 端、胞内环和胞外环)和长度差异很大。因此，按照结构的同源性和相似度，GPCR 可划分为四类，包括 A 型的视紫红质家族(当前最庞大的家族)，B 型的分泌素家族，C 型的谷氨酸受体家族及 F 型的味觉受体家族。

GPCRs 被普遍认为是膜蛋白中最大的一类。人类超出 1% 的基因编码 GPCRs，对胞外多种刺激会产生反应，比如光、气味、小分子化合物、多肽类物质、生物胺类、脂类及其衍生物等外界刺激物，都能作为信号分子与 GPCR 蛋白相互作用，然后借助细胞膜上 GPCR 与 G 蛋白的偶联结合，将信号从胞外传递到胞内。因为 GPCR 能介导多种信号传导，故与很多疾病有关。比如，多种肿瘤、心血管疾病、糖尿病、精神病、免疫类疾病等。据统计，目前市场上超过一半的药物是间接或直接靶向 GPCR 的，由此可见，GPCR 非常关键。

GPCR 被传统地认为，是以单体形式存在并发挥功能。但也有证据表明，多数受体会形成二聚体，甚至更高的寡聚体，且其聚集状态可能与其行使功能密切相关。早在 20 世纪 70 年代，科研人员便得到了 GPCR 聚集的直接证据。比如，Mukherjee 课题组在青蛙红细胞上检测到了放射性配体与 β-肾上腺素受体的结合情况，观察到结合位点上存在负协同效应，会增加受体单体之间发生结合的概率。在这个工作的基础上，受体和受体相互作用形成聚集体，并具有一定生物功能的假说被提出。陆续地，越来越多的生物化学方法，如荧光标记、免疫交联、凝胶过滤、辐射灭活实验、受体共表达、反式功能互补实验以及交联实验都被引用在受体聚集及其功能激活的研究中。其中互补实验的研究是证实受体聚集的强有力证据。研究者应用了两种不存在任何功能的嵌合体受体，验证了在发生聚集后，受体功能恢复的现象，表明 GPCR 的聚集对其实现功能具有重要意义。

目前，C 类 GPCR(如变性谷氨酸、钙敏感受体、GABAB、甜味和鲜味受体等)被公认为会形成同源或异源的聚集体，并且此类二聚体的分子间重排对受体激活起着关键作用，聚集体构成的差异也会导致不同的药理特性。在二聚体协同性模型的支撑下，双态二聚体模型为受体异源聚集体与配体的相互作用提供了最有力的证据。除了配体结合特性外，每种 GPCR 聚集体的独特特性还与配体对不同信号通路的功能选择性有关。这为利用 GPCR 聚集体作为药物开发的新靶点提供了理论依据。

单分子荧光技术的出现为直接观察细胞膜上 GPCR 受体蛋白的聚集状态和动态行为提供了强大的工具。比如，全内反射单分子荧光显微镜被用于研究墨鱼乙酰胆碱 M1 受体、μ-opioid 阿片受体、β_1 与 β_2-肾上腺素受体、EGFR 表皮生长因子受体、GABAB 促代谢型受体、N-甲酰肽受体等受体蛋白生物聚集与运动。其中，GABAB 受体蛋白、肾上腺素受体的结果均表明受体蛋白均可形成二聚体和高阶寡聚体，其比例取决于受体密度。即在低密度下，受体蛋白以单体为主。随着受体密度的逐渐增加，二聚体、三聚体、四聚体以及更高阶的聚集体复合物逐步出现。在与受体表达密度相当的天然表达系统中，二聚体和高阶寡聚体是两种较有优势的受体，激动剂不能改变其寡聚状态。除此以外，荧光相关光谱(Fluorescence Correlation Spectrum，FCS)也是一种间接技术，但很有用，可作为一种测定蛋白聚集状态的单分子荧光技术。也能够测量目标蛋白的荧光标记物(荧光蛋白或荧光染料)的分子亮度，通过记录单个荧光分子引起的荧光强度波动，反映出受体蛋白的运动，进而得到受体蛋白的聚集状态。

基于上述技术的支撑，A 类 GPCR 家族也被广泛地研究，并且其多数成员被证明可以以单体的组织形式进行信号转导。然而，近年来，越来越多新的证据表明，A 家族(肾上腺素受体、趋化因子受体 CCR3 等)也可以在体外和体内形成寡聚体。目前，研究表明，部分 GPCR 的 A 家族受体蛋白，其单体和二聚体之间是动态平衡的。另外，激动剂、拮抗剂等对受体蛋白聚集体之间的动态平衡和聚集形式具有一定的调控作用，但对此调控结果也一直存在很大的争议。为此，本课题组 Lao 等也曾在受体聚集方面进行了研究。他们采用了全内反射荧光显微镜，利用单分子成像，借助荧光蛋白的漂白步数分析法，对细胞膜上 A 型 GPCRs 中 CXCR4、CCR3、β2AR 趋化因子受体在不同条件下的聚集形式进行了研究。结果发现，这三种受体蛋白的聚集会随其表达量的增高而加剧，而且激动剂对这几种 GPCRs 的聚集状态具有调控作用，激动剂的作用方式、程度与受体的密度和激动剂的药理学性质息息相关。然而，由于荧光蛋白及荧光染料易于漂白，不宜受体跟踪，因此，受体蛋白聚集的动态过程的准确、快速、实时研究仍然是一个巨大的挑战。

1.2 受体聚集传统的研究方法

GPCRs 聚集状态导致受体信号转导过程行为的多样性，且对药物研发具有关键的意义。近年来，随着科学技术的发展，多种可用于受体蛋白聚集研究的技术逐渐发展起来，包括免疫共沉淀(Co-Immunoprecipitation，Co-IP)、荧光漂白恢复技术(Fluorescence Recovery after Photobleaching，FRAP)、双分子荧光互补实验(Bimolecular Fluorescence Complementation，BiFC)、生物共振能量转移技术(Bioluminescence Resonance Energy Transfer，BRET)、荧光共振能量转移(Förster Resonance Energy Transfer，FRET)以及各种单分子荧光成像(Single Molecule Fluorescence Imaging)等。然而，这些技术大部分为系综的研究方法，在受体蛋白的具体聚集状态研究及动力学性质的研究上，还存在很多不足。

1.2.1 免疫共沉淀

20 世纪 90 年代，生物化学方法仍然是研究 GPCRs 二聚化的主要技术手段，包括辐射失活技术，受体共表达及遗传互补实验，交联实验以及受体突变体、嵌合体分析等。其中免疫共沉淀技术是研究 GPCRs 同源及异源二聚化作用的最经典方法。该方法主要通过在异源细胞系中表达两种带有不同标签的 GPCRs，利用已知蛋白的抗体分离细胞裂解液或组织液中的蛋白复合物，结合聚丙烯酰胺凝胶电泳以及蛋白免疫印迹方法，根据抗体对蛋白标签的特异性识别确认蛋白复合物中的组成。1996 年 Hebert 等利用免疫共沉淀技术结合免疫印迹方法证明了 β_2-肾上腺素受体存在二聚化作用。此后，有关 GPCRs 同源、异源二聚化作用的研究陆续被报道。尽管免疫共沉淀是研究受体同源、异源二聚化直接有力的方法，但由于 GPCRs 的疏水性质，表面活性剂增溶 GPCRs 的过程会引起受体自身发生聚集过程，因此该方法仍有缺陷，需要进一步改善。

1.2.2 荧光共振能量转移

FRET 技术是近年来研究细胞膜、磷脂双分子层模型及囊泡中 GPCRs 二聚体及更高阶寡聚体的主要方法。FRET 是借助耦极电子间的相互作用，进而使得能量从被激活的供体向受体荧光团转移。其信号强弱取决于供体、受体荧光团之间的距离。在供体荧光发射光谱和受体吸收光谱发生重叠的前提条件下，当其距离在 10nm 范围内时，能产生非辐射性的能量转移现象，导致供体荧光团的信号强度比其单独存在时偏低，同时受体发射的荧光信号会大大提高。具体地，在生物体内，即两个受体蛋白之间的距离小于 10nm 时，普遍会认为这两个蛋白之间存在直接的相互作用。

FRET 能量传递效率 E 由式(1-1)计算：

$$E = \frac{1}{1 + \left(\frac{R}{R_0}\right)} \tag{1-1}$$

式中，R 为 FRET 荧光受体与供体之间的距离，nm；R_0为特征距离，nm。

由于荧光标记生物分子对距离的敏感性，FRET 技术是研究荧光标记的生物分子构象分布和动力学的有效方法。与对许多分子的信号进行平均的系综技术相似，系综 FRET 很难探测到动态事件，比如供体和受体之间相对运动，因为这些事件或构象变化不同步。sm-FRET 为解释不同步的结构变化动力学提供了新机会。自 sm-FRET 第一次在 DNA 模板上得到验证以来，便被广泛应用于研究分子内部或者分子间的相互作用(图 1-1)，如检测蛋白质和核酸的构象动力学及其相互作用。当与单分子荧光成像相结合，在共聚焦或宽场装置下进行时，FRET 可用于绘制活细胞中分子的时空分布和功能状态。由于 FRET 存在于 1~10nm 的范围内，因此可以在远超光学衍射极限的空间分辨率下解决分子间的相互作用和构象。

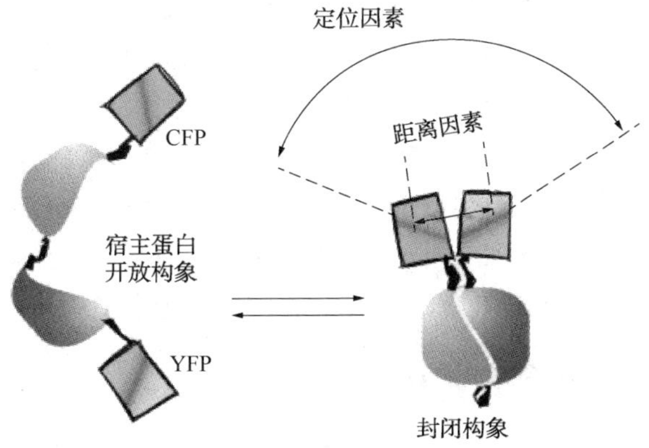

(a) 分子内FRET

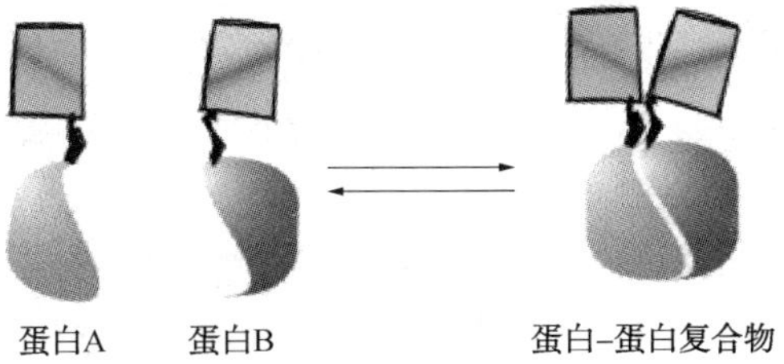

(b) 分子间FRET

图 1-1　分子内和分子间 FRET

(a)当供体和受体发色团都在同一宿主分子上时，发生分子内 FRET，(b)融合了 CFP 的 A 蛋白与另一个融合了 YFP 的 B 蛋白发生分子间 FRET

经典的 FRET 技术需要利用异源表达的方法在目的蛋白上融合一个受体或供体蛋白。该技术在生物体内的广泛应用，与荧光蛋白的表达和发展是密不可分的。最经典的 FRET 荧光蛋白对是青色荧光蛋白(Cyan Fluorescent Protein，CFP)和黄色荧光蛋白(Yellow Fluorescent Protein，YFP)。其中，CFP 作为能量供体，YFP 是能量的受体。CFP 被激发后，会产生振荡偶极子，当 CFP 的基态与 YFP 第一激发态的振动能量差很小，或 CFP 的荧光发射光谱与 YFP 的吸收光谱发生部分重叠的时候，CFP 与 YFP 的偶极子距离 R_0<10nm，便会发生共振。通过偶极间的耦合作用，使能量从 CFP 转移到 YFP，进而发生非放射性共振能量转移。在这个过程中，CFP 荧光信号的衰减与 YFP 荧光强度的增强能被检测到。经计算，得到 FRET 效率值，反映出蛋白间的相互作用，如 GPCR 受体蛋白的同源或异源聚集。

通过荧光染料结合到受体的特异性抗体上或者结合到配体上去研究 GPCRs 之间的相互作用，这类方法并没有特别好的灵敏度。利用时间分辨 FRET 技术结合新的标记方法，可以改善灵敏度。例如，荧光探针结合的抗体可以作为 FRET 体系中的供体和 Alexa Fluor 647 标记的受体配对，提高了体系的灵敏度。利用 SNAP-tag 标签标记受体分子是目前较为常用的标记方法，将 GPCRs 目的基因序列与 SNAP-tag 融合表达于细胞中，通过小的荧光基团直接标记细胞膜表面的受体分子，采用时间分辨 FRET 方法探究受体间的相互作用。

1.2.3 生物共振能量转移

经典的荧光共振能量转移 FRET 体系中荧光蛋白产生的光谱串扰现象局限了该技术的应用。生物共振能量转移(Bioluminescence Resonance Energy Transfer, BRET)技术可以有效排除这一问题的干扰。该技术利用生物性发光蛋白(如海参荧光蛋白或者水母蛋白)作为 FRET 体系中的供体，加入底物(如腔肠荧光素)，生物发光蛋白将被底物降解，能量释放并转移至受体中。由于海参荧光素酶发光并不会引起能量受体发生光漂白，因此与荧光共振能量转移技术相比，该技术可以实时地、长时间地观测 GPCRs 之间相互作用的动力学过程。避免了由于激发产生的自荧光、光漂白以及细胞损伤现象。相对低的背景噪声使得该技术更适合检测作用力较弱的 GPCRs 之间的相互作用。该技术的高灵敏度为在低表达水平下研究 GPCRs 相互作用提供更多的可能。然而，BRET 技术同样存在方法的局限性。由于生物发光相对较弱，需要特殊方法检测，目前 BRET 技术并没有与荧光显微镜相结合使用，因而利用 BRET 技术并不适合研究 GPCRs 在胞内特定位置的相互作用。另外，由于 BRET 是通过加入膜通透性的底物检测细胞上蛋白间的相互作用，因此 BRET 技术并不能提供蛋白——蛋白相互作用的亚细胞定位信息。

1.3 单分子荧光技术

1.3.1 荧光相关光谱

荧光相关谱最早是在 20 世纪 70 年代早期发展起来的，目的是通过分析系统荧光强度的热力学波动测量大分子在溶液中的扩散系数。随着技术的发展，特别是通过其与共聚焦显微镜的结合，FCS 在细胞生物学研究方面得到了极大的推动。其典型的装置示意如图 1-2 所示。在 FCS 中，使用高数值孔径的物镜(水或油作为浸没介质)聚焦激光束。同一物镜采集焦距内激发的荧光，然后通过针孔，减小 z 轴方向的检测体积。最终的探测体积被限制在 10～15fL 的体积内。随时间的延长，荧光强度的波动可以被 APD 探测器记录。该装置所需的荧光分子的浓度极低，为 10^{-10}～10^{-6}M。荧光强度的波动是由荧光团通过微小的检测体积扩散或由于化学反应、光动力过程或构象变化而引起的发射性能的变化引起的。所得到的数据通过复杂的数学分析，将不同停留时间下的荧光信号与自身联系，进而得出蛋白的扩散系系数、微环境性质、分子间相互作用、受体聚集等信息。FCS 已被用于研究 m-opioid 受体与 δ-opioid 受体的同源聚集体和异源聚集体，结果表明，该受体主要作为二聚体存在，与 δ-opioid 受体形成四聚体。Herrick Davis 等利用了一种很灵敏的光子计数统计分析法的 FCS 技术研究了六种 A 型 GPCRs，包括 α_{1b}-肾上腺素受体、β_2-肾上腺素受体、毒蕈碱型胆碱受体 M1 和 M2、多巴胺 D1 受体、血清素 5-HT_{2A} 的二聚状态，并阐明了在受体表达水平的 10 倍范围内，激动剂不会改变受体同源二聚状态，并指出在细胞膜上自由扩散的生物胺受体主要是同源二聚体形式。

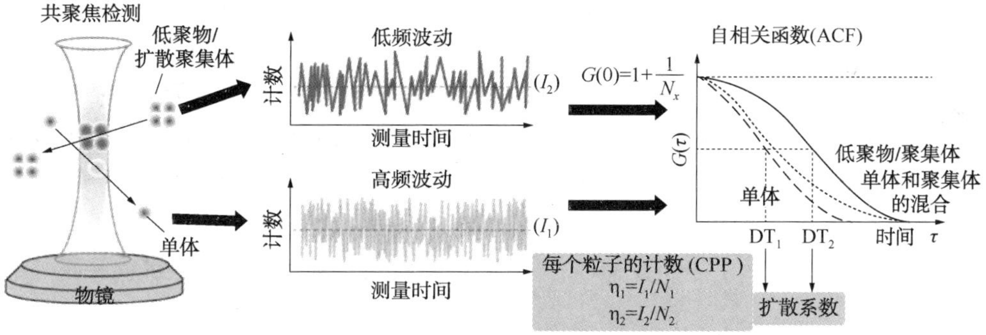

图 1-2 FCS 原理图

1.3.2 单分子荧光成像

近年来，随着高灵敏度检测器、高质量光学器件和多种荧光探针的出现，单分子荧光技术应运而生。该技术通过对活细胞复杂系统中单分子行为的研究分析，为人们更深入了解细胞过程和蛋白功能提供了前所未有的信息。单分子荧光技术本质上不受集成平均的影响，可以探索单个分子的性质和行为，为阐明活细胞膜上受体蛋白的异质性分布和信号传导提供有力的证据。单个荧光分子的检测最初是在低温条件下，通过检测分子的荧光吸收光谱和荧光发射光谱实现的。在低温条件下，通过增大荧光团的吸附横截面积，改善荧光团的光稳定性，以实现单个荧光分子的检测。随着高灵敏的光学探测器发展，在近场扫描光学显微镜下观察室温下的单荧光分子检测也逐渐实现。然而，这一检测并不能在有水的环境中顺利执行，这便限制了单分子荧光技术在生物领域的应用。1995 年，借助全内反射荧光显微镜，科学家在玻片上直接观察到了水溶液中单个荧光标记的肌球蛋白分子，也观察到了单个 ATP 的转换反应。2000 年，该技术被进一步应用于研究细胞膜上表皮生长因子受体及其 EGF 配体的相互作用。自此，被逐渐发展成为探测活细胞膜上蛋白动力学的常用技术，并在过去的二十年被广泛发展和应用。随着技术的成熟，用于受体蛋白聚集研究的单分子荧光成像技术越来越多，主要包括单分子跟踪(Single Molecule Tracking，SMT)，漂白阶数计数法(Photobleaching Step Counting，PSC)和超分辨率荧光成像(Super Resolution Imaging，SRI)等方法。

为了检测细胞膜上的单个分子，从复杂系统中获取单个荧光分子的微弱信号，信噪比是极其关键的。这不仅要求具备稳定性好、亮度高的荧光探针，也要有良好的成像设备，如灵敏度高的电子倍增电荷耦合器件(Electron Multiplying Charge Coupled Device，EMCCD)和较高数值孔径(Numerical Aperture，NA)的物镜等。另外，也可通过全内反射荧光显微镜和共聚焦显微镜分别将激光光照限制在浅深度或小体积以降低背景噪声。所以这两种显微镜装置对于单分子荧光成像至关重要。宽视场显微镜使用宽视场照明，EMCCD 作为探测器进行单分子成像，能同时观察到成百上千个分子，最佳的时间分辨率可达几毫秒。落射照明是最简单的宽场照明形式。由于激发体积在 z 轴方向较大，物镜也会采集到焦平面外的荧光，因此导致图像对比度较低。虽然也可以应用于单分子成像，但需要非常薄的样品。全内反射过程中的产生隐逝波是一种光学现象(图 1-3)。当光线在高折射率(如玻璃等)介质以大于临界角的角度到达低折射率(如水等)介质的界面时，会产生一个与入射光频率相同的“倏逝波”。这种倏逝波会沿 z 轴呈指数衰减，且只会激发深度比细胞膜宽度

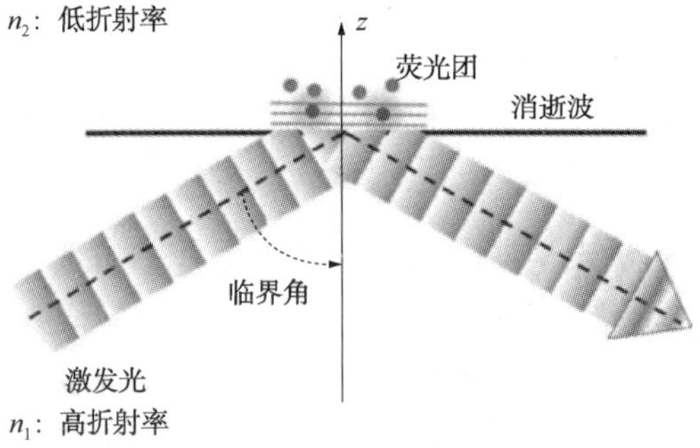

图 1-3　全内反射产生隐逝波的示意图

略大点的荧光分子。在实验过程中，可以通过调整入射角，改变隐逝波的照射深度。隐逝场能够激发荧光团，实现细胞膜上的单分子成像，以减少对焦平面以外的荧光的收集。

目前，TIRF 显微镜通常分为两种设置：棱镜型和物镜型，如图 1-4 所示。两种装置都有优缺点。棱镜型 TIRFM 采用附着在玻片上的棱镜，直接将光束转向 TIR 界面。这种装置的成本不高，并且比物镜型装置会产生更干净的荧光隐逝场。然而，棱镜占据了玻片上方的空间，从而限制了对厚样品分析。物镜型 TIRFM 的优点是玻片上方的空间大。一般情况下，在成像系统中，研究者会采用一个数值孔径很高(>1.49)的物镜以实现临界角度照明并收集荧光。因此，也能实现与其他仪器的连用，如显微操作仪、微分干涉差显微镜或扫描探针显微镜等。因为物镜型 TIRFM 可很大程度地减小细胞内自荧光的干扰，是研究活细胞膜上所发生的多种动态事件的理想工具，并已被更广泛地使用。

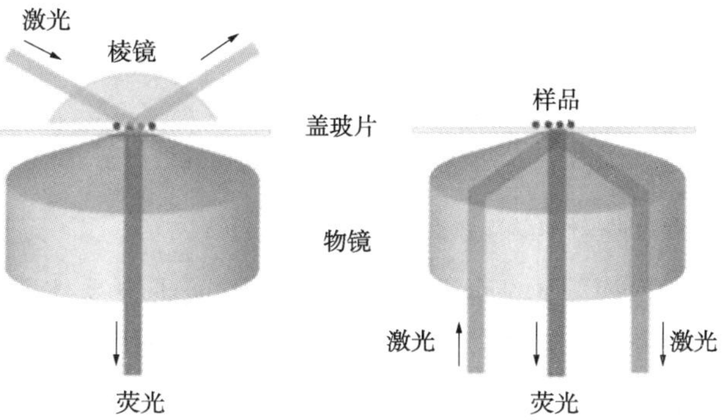

图 1-4 棱镜型和物镜型 TIRFM

共聚焦激光扫描显微镜是另一种常用的成像装置，通过在光线路径上设置一个针孔减少焦点以外的荧光，改善图像信噪比。与使用摄像机作为探测器的宽场成像不同，共焦成像是一种基于点的检测方法，如图 1-5 所示。激光束被物镜紧紧聚焦在一个点，只激发这个点并扫描整个样品。这些荧光由同一物镜收集，经过针孔进行空间过滤，以去除焦外荧光，然后由点探测器(如 APD)检测到。共聚焦荧光显微镜的优点是可以对样品进行更深的成像，并通过沿 z 方向扫描样品重建三维图像。然而，由于点探测器实际上是一次追踪一个分子，而不是同时探测样品的多个区域，这种单成像方式对于活细胞膜上的单分子成像和跟踪不太实用。但共焦检测经常与 FCS、光子计数器或 FRET 等技术相结合，进行单分子分析。这些基于共聚焦的检测技术对于活细胞研究具有很大的价值，比基于照相机的宽场成像灵敏度和时间分辨率更高，甚至可达皮秒级。然而，这些成像技术的发展和应用在很大程度上取决于荧光探针的选择和使用。

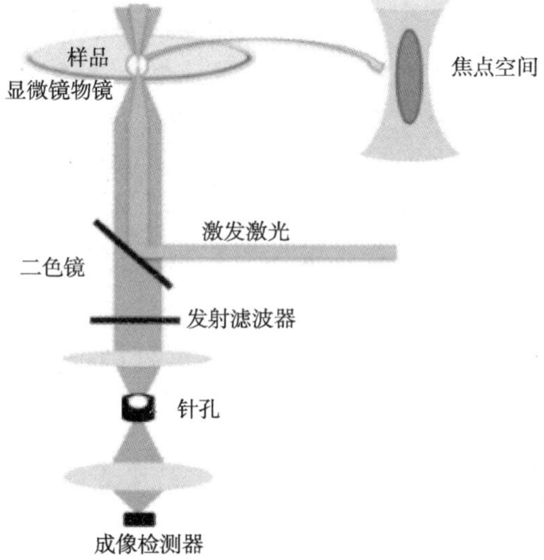

图 1-5　共聚焦荧光显微镜装置的结构图

1.3.2.1　光漂白阶数计数技术

单分子荧光成像技术中的光漂白步数法是用于研究受体蛋白聚集的经典方法。首先将荧光染料或者荧光蛋白与目标蛋白融合表达。根据统计荧光蛋白的漂白阶数确定蛋白聚集状态(图 1-6)，进而对活细胞膜上受体组成形式以及配体对组成形式的调控作用进行量化研究。比如，Zhang 等利用该技术研究了转化生长因子受体Ⅱ(TβRⅡ)在静息状态和配体刺激状态下聚集状态的变化，表明该受体在静息状态时，在低表达量的条件下主要以单体的形式存在，但是在 TGF-β 配体刺激下会形成二聚体。同样地，表皮生长因子受体 EGFR 的具体聚集状态也被用此技术探究，并证实了其聚集状态和动力学可由肾上腺素受体 $β_2$AR 受体反式激活过程调控。另外，Song 与 Ge 等也利用该技术，以 EGFP 为标记物，研究了 CCR3 和 CXCR4 受体蛋白的聚集，探究了各种激动剂对受体聚集的影响，并提出了受体在配体刺激后寡聚程度会增加的结论。

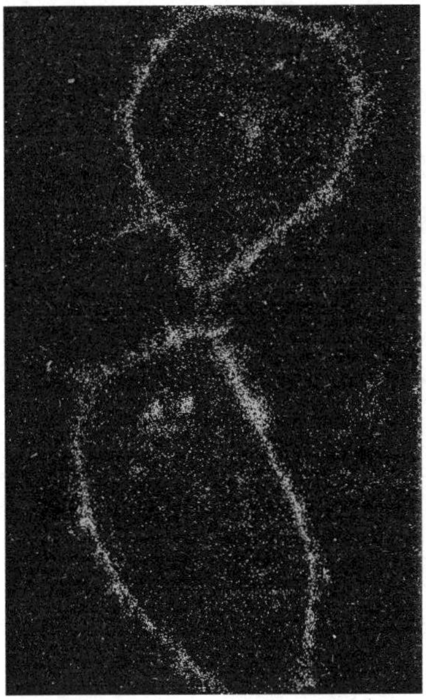

(a) 稳定表达CCR3的T-REx-293细胞，诱导表达24h后的共聚焦图像

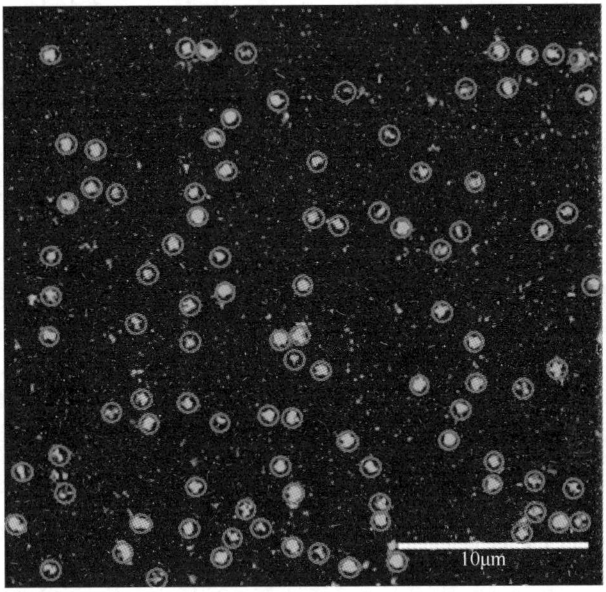

(b) 活细胞表面单个CCR3在全内反射荧光显微镜下的可视化

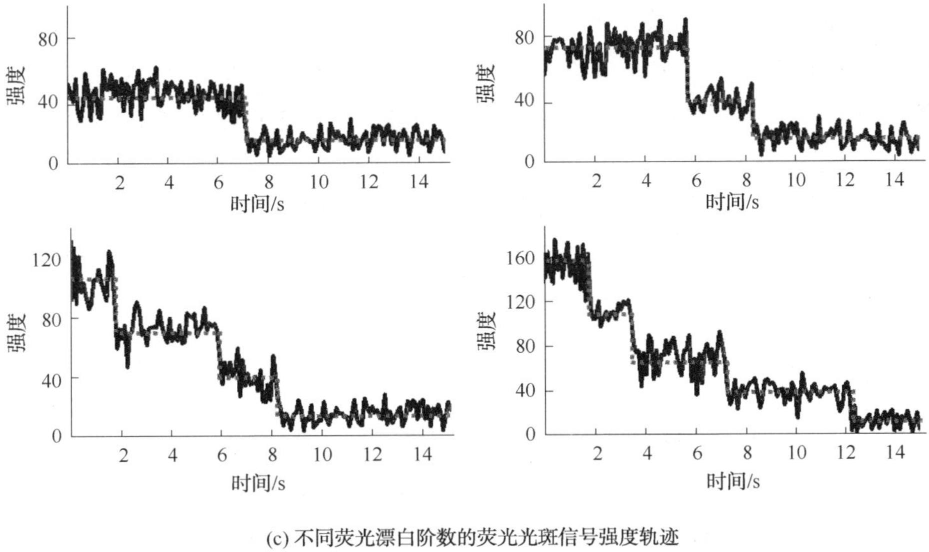

(c) 不同荧光漂白阶数的荧光光斑信号强度轨迹

图 1-6　活细胞中 CCR3-EGFP 的单分子成像

与系综研究聚集的技术相比，该技术具备更明显的优势。主要包括以下两点：(1)无须破坏膜结构，可以在更接近蛋白生理表达水平下，实时观察受体分

子；(2)可以精确地得到受体是单体、二聚体还是更高的寡聚体。然而，这个技术存在优点的同时也存在缺点，比如：(1)所使用的荧光标记物(如荧光蛋白、荧光染料等)不耐漂白，会导致预漂白，进而引起对蛋白真实聚集状态的错误判断；(2)对于微弱的荧光信号和不同情况下噪声的随机变化，难以区分真正的漂白阶数；(3)从不同条件、不同实验室获得的信号轨迹通常有很大的差异，导致结论不一；(4)虽然已经报道过一些算法，但是仍然需要人工逐一判断或优化参数，在大量数据统计时，不仅容易引起依赖于用户的期望偏差，而且相当耗时、耗力。为此，需要发展一种快速、准确的方法研究受体蛋白聚集，实时追踪受体聚集复合物的形成，探究其与下游信号传导之间的关系及受体蛋白聚集的机制。

1.3.2.2 单颗粒荧光示踪技术

单颗粒或单分子荧光示踪技术是基于显微镜图像序列，对单个颗粒或单个分子的运动轨迹进行可视化的一种单分子成像技术(图 1-7)。其研究对象一般是单个的、能进行运动的颗粒，比如微球、病毒、细胞器或荧光标记的单个蛋白等。与最早的研究分子动力学的光漂白后荧光恢复(Fluorescence Recovery After Photobleaching，FRAP)及 FCS 等系综方法相比，该技术表现出很好的优越性。这两种系综方法最大的缺点便是对目标分子的动力学特性的平均化分析。这样，便得不到细胞复杂体系中单个不同分子的运动信息。另外，因为大部分分子的动态行为在时间和空间上时刻发生着变化，然而采用这两种技术所得到的动态变化信息均很局限。而单分子示踪技术可轻而易举避免这些缺陷。该技术是研究非均匀系统动态变化的强有力工具，能够实时可视化非均匀体系、复杂系统(如活细胞)中单颗粒的动态变化，获得研究目标的运动信息(如运动状态、扩散模式、扩散速率、运动距离等)，可以有效排除平均效应，获取大量的个体动态过程信息，进而详细地反映出局部微观环境变化，表明随时间变化的分子特性。

基于光学显微镜的蓬勃发展和荧光探针技术与日俱增，该技术已经被广泛应用于 DNA 转运，细胞膜上受体蛋白聚集，病毒与细胞相互作用等动力学过程的研究。如 Koichi 等综述了利用单个量子点为荧光标记物，单分子跟踪了活细胞上的膜动力学、神经元功能、核孔复合体的选择性输运机制等。Kasai 等监测了 GPCR 中 A 家族多巴胺受体(Dopamine 2 Receptor，D2R)的运动，并证实了 D2R 在静息状态下会形成寿命为 68ms 的瞬态二聚体。多巴胺受体激动剂的加入可以将二聚体寿命延长约 1.5 倍，表明瞬态二聚体参与了信号转导。通过采用单分子示踪技术分析时间和空间信息，获取单个分子或其所处的局部环境的某些物理或化学参数，对于理解细胞过程中，蛋白在分子水平上的生物学相关性非常重要。如今的单分子示踪技术在追踪单个分子方面已经达到了很高的空间精度和时间分辨率。

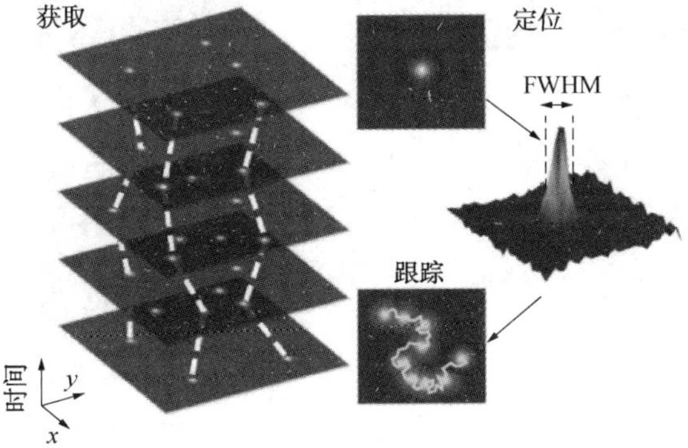

图 1-7 单颗粒示踪原理示意图

1.3.2.3 *超分辨荧光成像*

超分辨成像技术能够突破光学衍射极限，使得光学显微镜分辨率由几百纳米改进到了几纳米。该成像技术是近年来发展很快，很受关注的单分子荧光成像技术，已经被研究者广泛应用于微观结构和过程探究。目前，该技术主要分为两大类，一类是基于点扩展函数的受激发射损耗显微技术（Stimulated Emission Depletion Microscopy，STED）；另一类是基于单分子定位的光激活定位显微技术（Photoactivated Localization Microscopy，PALM）、随机光学重构显微技术（Stochastic Optical Reconstruction Microscopy，STORM）。其中，STED 是最早突破衍射极限的光学显微成像技术，是 1994 年由 Hell 等提出的。实现该技术通常需要两束激光，其中一束被聚焦形成衍射极限焦斑，激发焦斑内的荧光团；另外一束是损耗光，其中心光强为零，形成环形焦斑分布。将两束光叠加后，损耗光损耗周边的激发态荧光团，致使周边范围内的荧光团被淬灭，只有中心位置的荧光发光点被留下，进而达到比衍射极限小的荧光发射面积。由此看来，因为损耗光中心位置光强是零，只要淬灭光很强，那么被第一束光激发的荧光团的体积将能够被压缩至极小的区域内，由此可以很大程度地改善荧光显微镜的分辨率

（图 1-8）。目前，STED 分辨率在免疫荧光成像可以达到 20nm，在荧光蛋白成像可以达到 50~70nm。

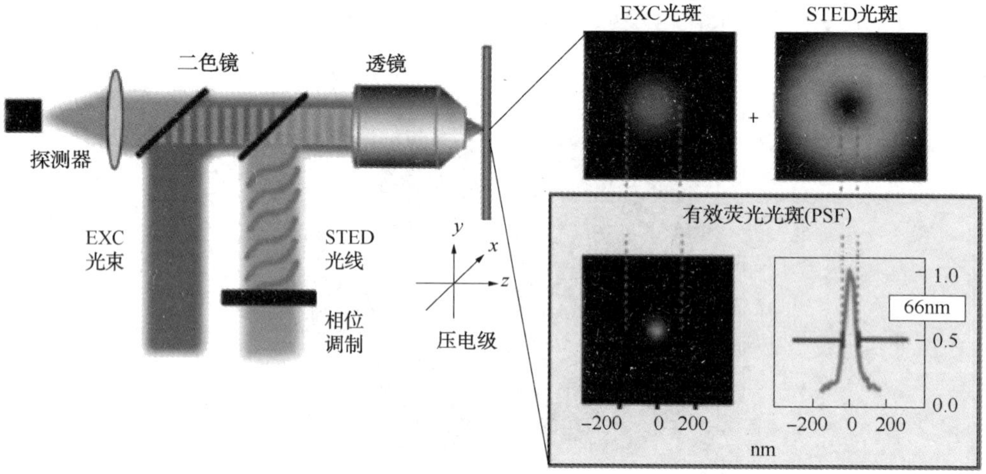

图 1-8　STED 显微镜原理图

PALM、STORM 以及基于探针闪烁的超分辨定位成像。其基本原理相近，每次仅使样品中部分随机的、离散的荧光团发光，再拟合出每个分子的中心位置。重复拍摄同一区域的图像，把拟合出的中心位置进行叠加，得到超高分辨的图像。2006 年，Eric Betzig 首次使用了 PALM 单分子荧光显微镜，对溶酶体膜进行了超分辨成像。STORM 是 2006 年由庄小威发明的，其原理与 PALM 类似。具体来讲，首先将荧光染料对 Cy3 与 Cy5 修饰在同一抗体上，标记细胞内目标蛋白，再使用较强激光（633nm）将 Cy5 处于暗态，通过较弱激光（532nm）将 Cy3 处于亮态。Cy3 能够与 Cy5 发生相互作用，使一部分处于暗状态的 Cy5 发出荧光。通过两束激光交替照明，Cy5 分子处于明暗的交替状态。利用所有拟合出的中心点重构图像，最终实现超分辨成像（图 1-9）。

实现 STORM 技术通常需要构建合适的染料对，该技术设计与执行上比较复杂，因此科学家对其进行简化，发展出了如直接随机光学重构显微镜（direct Stochastic Optical Reconstruction Microscopy，dSTORM）技术。虽然 dSTORM 仅用一种染料和一束激光就可以完成，已经相当简便，但仍然存在缺点。例如，染料的易漂白、不稳定，需加成像溶液以抑制染料漂白，并控制其闪烁行为；光学系统复杂，需专业人员精确操作；成像速度慢，难以实现活细胞成像。基于量子点闪烁的超分辨荧光成像技术的出现可以有效避免这些问题。该项技术更简单，只要一束激光便可以成像，其中所使用的光学稳定性好、荧光亮度高的量子点探针为实现更高分辨率提供了坚实的基础。2010 年，Watanabe 等基于量子点的闪烁超分辨实现了活细胞的实时高分辨时空成像(空间分辨率约为 90nm，时间分辨率约为 80ms)。2011 年，Hell 等又将 STED 技术与量子点的闪烁和蓝移现象结合，发展了基于量子点的 STED 技术。2013 年，Selvin 等在普通落射荧光显微镜的光路中加入一个柱面透镜，提出了基于量子点闪烁的三维超分辨成像，其横向分辨率高达 8~17nm，轴向分辨率可达 58nm。基于量子点的超分辨成像，其分辨率与量子点的闪烁特征密切相关。长时间的暗状态对于单个量子点的精确定位有利，能够提高空间分辨率。然而，长时间的暗态成像要求较高的曝光时间，会降低时间分辨率。此外，激光强度、量子点荧光亮度、检测器读取速度等因素也会影响成像的分辨率。

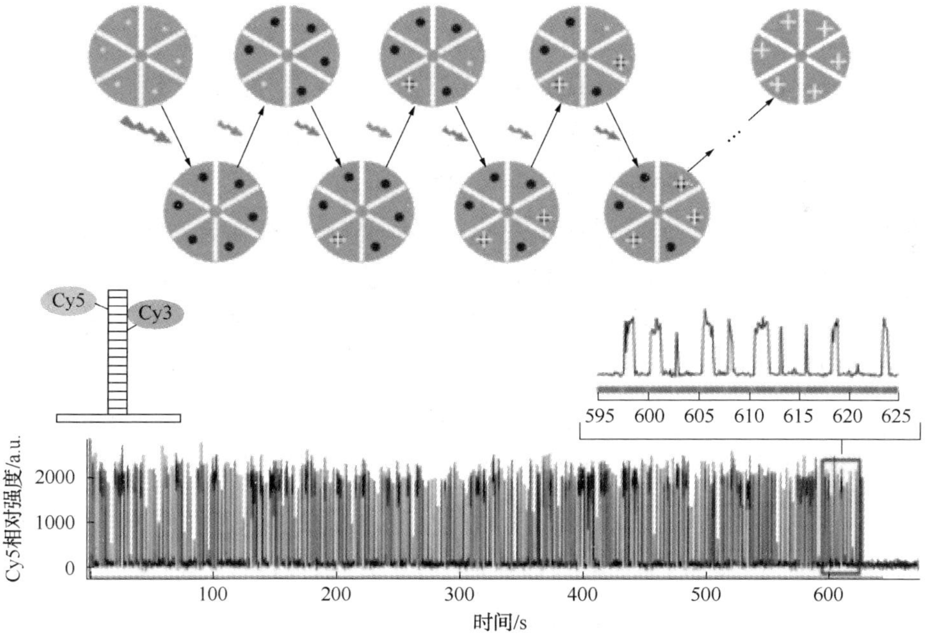

图 1-9　随机光学重构显微镜(dSTORM)与光开关荧光团的示意图

超分辨成像已经被应用于许多亚细胞结构，如微管、肌动蛋白丝、囊泡和细胞内的细胞器的成像，但在 GPCR 团簇和寡聚体等其他纳米尺度的结构的研究报道较少。GPCRs 在细胞膜上会形成团簇或聚集体(二聚体、寡聚体)。然而，由于团簇尺寸或聚集体结构是低于衍射极限的，采用传统荧光显微镜不能将其检测到，但是超分辨率技术可以解决这一问题。其中的 PALM 常被用以研究受体蛋白。

在 TIRF 系统下实现 PALM，很适合于膜受体的研究，因为增强了对距离玻片 100nm 薄层内的细胞膜上荧光分子的检测。与其他成像方法相比，其优点是使用基因编码的蛋白标签，从而避免了使用那种会影响细胞膜蛋白组织的抗体。PALM 解决的第一个研究问题涉及细胞质内和细胞膜结构，包括线粒体基质、溶酶体膜、局灶性黏附复合物和在细胞膜上萌发的逆转录病毒蛋白 Gag。Greenfield 等是第一个提出使用 PALM 计算单个蛋白，了解大肠杆菌趋化网络。使用 PALM 确定受体聚类和寡聚的关键之处是正确估计其组成的数量，有效避免同一个分子被多次计算。大部分的光激活荧光团(如 mEos2)能够荧光恢复和光漂白后可以重新激活，导致多次计算相同的分子，所以对寡聚物组成的正确判断产生影响。PALM 在 GPCRs 方面第一个应用是探究 β_2-AR 和 M3 毒蕈碱的受体在膜上的分布。在实验过程中，以不会形成团簇的多肽作阴性空白对比，比较了不同细胞系受体蛋白的聚集情况，发现只有在源于胚胎大鼠心脏 H9C2 细胞上，β_2-AR 形成了纳米尺度的团簇，但是在其他种类的细胞上并没有形成。在非常短的时间内，受体激动剂和反向激动剂的刺激对受体团簇的形成并不存在显著的影响，表明受体在激活前就已经形成了团簇，与受体的静息状态无关。β_2-AR 的团簇在清除胆固醇，破坏脂筏后，团簇并未发生变化，也就是其团簇的形成与脂筏无关。He 等基于碳点的单颗粒闪烁特点，发展了一种单分子定量定位显微镜技术，能够在普通显微镜上实现单分子的定量和定位(定位精度高达 10nm)，并将其应用于细胞膜上 CXCR4 蛋白寡聚和聚簇的研究。然而，该复杂的技术需有经验的专家才能实现，其间的参数优化、阈值设置等都可能存在经验误差，且耗时、耗力。

1.4 单分子荧光成像发展趋势

1.4.1 单分子荧光成像与纳米颗粒结合

通常情况下，细胞膜上的天然生物分子在光学显微镜下是无法看见的，必须用荧光探针靶向标记之后才能进行光学检测。常用的荧光探针可分为三大类：荧光蛋白(FPs，如 GFP 和 YFP)、有机染料(如 Cy3 和 Cy5)和荧光纳米颗粒(如半导体量子点及贵金属纳米簇)。每一类都有其优缺点，探针的选择应取决于单分子荧光实验的设计和所研究的实际系统。荧光蛋白是一种基因编码的蛋白质，可以在光激发时发出荧光。通过将荧光蛋白基因融合到目标基因中，荧光蛋白可以在许多生物体中表达，比如细菌、哺乳动物细胞、酵母和人类细胞。由于这种标记是在基因水平上实现的，所以可以彻底避免非特异性标记。与有机染料分子相比，FPs 具有更好的生物相容性及更少的光毒性。荧光蛋白的缺点是不如多数有机染料分子那么亮，而且容易被光漂白。尽管如此，通过全内反射或共聚焦成像提高信噪比，用荧光蛋白做标记的单分子荧光技术已经被成功地应用于许多活细胞的研究。有机染料种类多、尺寸小、亮度高、光谱范围宽，是细胞生物学中单分子荧光检测必不可少的探针。然而，将染料分子标记在生物分子上的过程烦琐，如化学耦合反应和吸附等。因荧光蛋白和有机染料的尺寸小、生物样品的相容性好，通常被用作荧光显微镜成像中的探针。

超分辨率显微镜术的出现使得在纳米尺度上解析细胞结构和亚细胞器成为可能，并彻底改变了生命科学中的光学显微术。然而，对于单个分子的长期跟踪和亚细胞结构实施超分辨率成像，仍然需要更亮、更稳定的探针以研究细胞的内动态过程及功能行使。但是当前的荧光染料分子和荧光蛋白通常光稳定性差，只能以有限的方式进行光学切换，并且还会发生快速光漂白。材料科学的进步为解决荧光染料的缺点提供了大量的机会。在具有明确光学特性的纳米尺寸探针的设计、发展方面，已经出现了大量新型发光纳米粒子(图 1-10)，例如半导体量子点(Semiconductor Quantum Dots，QDs)，上转换纳米晶体(Upconversion Nanocrystals，UCNPs)，聚合物点(Polymer Dots，PDs)，荧光纳米金刚石(Fluorescent Nanodiamonds，FNDs)，碳基纳米点(Carbonbased Nanodots，CDs)，非荧光表面增强拉曼散射纳米粒子(Surface-Enhanced Raman Scattering，SERS)等。尽管与染料分子相比，其尺寸仍然较大(图 1-10)，并且就其复杂的表面而言，仍面临巨大的挑战。但是这些纳米粒子的许多优点已经被成功证明，并已开始在细胞生物学和材料科学领域纳米尺度上的亚细胞器成像及功能探索方面表现出极好的应用潜力。

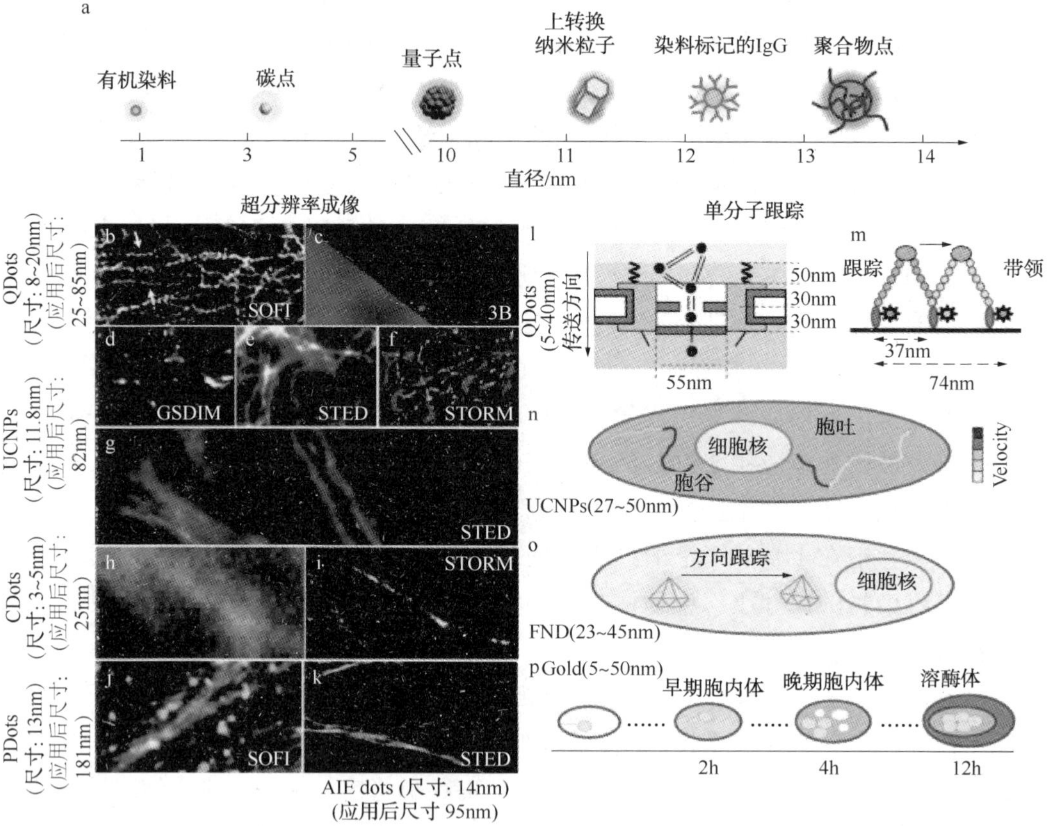

图 1-10　应用于超分辨成像和单分子示踪的荧光纳米颗粒

(a)应用于超分辨荧光成像的染料分子、CDs、QDs、UCNPs、染料标记 IgG 抗体和 PDs 的尺寸图解；(b)~(f)应用于超分成像的 QDs；(b)细胞微管的多色 SOFI 图；(c)3B 显微镜下细胞微管图；(d)细胞微管的 GSDIM 图；(e)REF 细胞波形蛋白纤维的 STED 成像；(f)微管和线粒体的双通道 STORM 成像；(g)UCNPs 用于细胞微管的 STED 成像；(h)~(i)CDs 用于细胞微管的宽场和 STORM 成像；(j)PDs 用于细胞微管的多色 SOFI 显微镜成像；(k)聚集诱导发光颗粒用于细胞微管的 STED 成像；(l)~(m)用于探索纳米粒子通过(l)核孔复合物和(m)肌球蛋白马达的转运机制的单个 5~40nm 量子点；(n)27~50nm UCNPs 用于细胞内单纳米颗粒跟踪示意图；(o)用纳米晶进行多维追踪的示意图；(p)用金纳米颗粒量化纳米颗粒内吞和包封过程的示意图

QDs 代表了第一代用于荧光标记的无机荧光纳米粒子。与常规染料相比，具有更大的吸收系数、更高的发光量子产率及更高的亮度。量子点具有宽激发、窄发射特点，且其发射光谱可以通过调节其尺寸(量子限制效应)来调节，这使得这些粒子可以作为多色成像和一系列超分辨率成像应用的理想探针。目前，

QDs 主要指的是核壳结构的半导体纳米晶，如 CdSe/ZnS。除了具有较高的消光系数外，还有比有机荧光染料和荧光蛋白更好的光稳定性和更高的亮度。量子点在单分子荧光技术应用中的最大缺陷是其尺寸大、毒性大。如功能化量子点，尺寸甚至达到 50nm，由此可能会产生很大的空间位阻并对偶联产生影响。然而，量子点并不通过细胞膜，因此很容易通过与特定配体或抗体的结合来靶向蛋白、脂质和其他细胞表面分子。由于量子点对光漂白具备很强的抵抗能力，因此是单粒子示踪技术研究活细胞实验中最佳的探针。对于 sm-FRET 来说，量子点是无法作为荧光受体的，因为其吸收光谱宽，而发射光谱窄，这会导致对多个 QDs 的同时识别并跟踪，而每个 QDs 又存在不同的发射。

CDs 因其主要组成元素是碳、氢、氧、氮，表现出很低的细胞毒性，被作为新型荧光材料用于活细胞的生物成像。比如，直径为 2~5nm 的超小 CDs 作为亚细胞靶向探针引起了广泛关注。CDs 易于合成且价格低廉，在水溶液中分散性好、稳定性高、细胞毒性低，且表面具有不同的官能团，如—OH、—NH_2 和—COOH 等，有利于进一步与受体蛋白、生物分子等结合。另外，大部分 CDs 存在单颗粒闪烁的特性，已被广泛适用于超分辨成像。He 等制备了一种尺寸约 4.5nm 的 CDs，研究了其闪烁行为，系统地比较了 CDs 与 Cy3、Cy5、Alexa Fluor 647 和 CdSe/ZnS QDs 605 的闪烁差异，并将其应用于细胞微管染色标记，同时也实现了细胞膜上受体蛋白 CCR3 团簇的定量分析。然而，也因为 CDs 普遍的单颗粒闪烁特性，其在单颗粒示踪方面的应用受到了限制。

PDs 主要是由 π 共轭聚合物组成的粒子，与传统的 QDs 相比，PDs 具有更高的亮度。因为其尺寸小的优势（10nm 或更小），被发现非常适用于超分辨光学波动成像技术（Super-resolution Optical Fluctuation Imaging，SOFI）。为了得到功能化的 PDs，通常会添加一种光学惰性聚合物，如聚苯乙烯-马来酸酐共聚物（Poly（styrene-co-maleic anhydride），PSMA）。PSMA 聚合物还能产生表面羧基，使得抗体通过生物素化，与特定的生物分子结合。Yu 等利用一种 15nm 的 PDs 在一秒每 50 帧的采集速率下，实现了二维和三维的单颗粒追踪，其空间定位精度高达 1.4nm。

尽管纳米颗粒与单分子荧光成像结合，已经取得了显著的进展，但是仍然存在较大的局限性。例如，这些纳米粒子相对大的尺寸及其复杂的表面化学，以及各种纳米颗粒独有的其他特性，都会限制其在细胞内特异性靶向递送、亚细胞靶标和蛋白动态跟踪等方面的应用。为此，进一步发展更多、更有优势的纳米颗粒，以便辅助单分子荧光成像也是非常有意义的。

1.4.2 人工智能辅助单分子荧光成像

单分子荧光成像能直接监测生物分子在活细胞中的行为，并以单分子灵敏度定量检测生物分子的位置、运动、翻转和复杂结构。该技术是公认的适于研究活细胞上分子动力学行为与相互作用的强有力工具，可阐明生物分子在细胞内信号传递过程的分子机制。在单分子水平上对大量分子进行系统和全面的测量，提供了关于基本生物过程的详细信息和对系统动力学的新见解，从而深化和扩展了目前的生物和医学知识。

迄今为止，面对大规模实验，在恒定实验条件下研究各种类型的分子、细胞、药物种类的技术仍没有达到活细胞中的单分子水平，亟待大量的专业技术人员进行纳米精度的聚焦，寻找适合观察的细胞以及对单个分子进行统计分析。面对海量的数据采集与分析，不仅耗时、耗力，而且很难做到标准化，容易导致有争议的结论。为此，Yasui 等开发了一种基于人工智能辅助全内反射荧光显微镜的全自动细胞内单分子成像系统（Automated in－cell Single－molecule Imaging System，AiSIS），为单分子成像技术在生物和医学科学中的广泛应用奠定了技术基础。对于熟悉单分子测量的研究人员来说，该系统大大缩减了成像和分析所需的时间（约 10 倍）。对于不熟悉这种方法的研究人员来说，AiSIS 可能会消除学习这种方法的需要，并将时间要求降低 100 倍以上。此外，AiSIS 系统中配备的新开发的基本技术几乎可以应用于所有的普通高倍显微镜，使常规程序自动化，从而极大地改善生命科学研究中成像和分析耗时、耗力的现状。Li 等利用深度学习发展了一种快速、自动的单分子荧光显微镜跟踪选择器，提高了基于平衡泊松采样单分子识别 DNA 点突变检测的灵敏度和特异性。同时，将该选择器应用于自动筛选单分子 Förster 共振能量转移（smFRET）的数据，进一步分析了高质量的轨迹数据，分析准确率高达 90%以上，同时节省了大量的时间。Mockl 等综述了深度学习在单分子荧光成像中的重要贡献及应用，总结了深度学习的基本概念，并强调了正确的数据集构建对准确、公正结果的重要性。

深度学习（Deep Learning，DL）作为当今最有前途的人工智能分支，是 2006 年 Geoffrey Hinton 等提出的。DL 类属于机器学习，包括多层感知器。将要学习的目标事物划分为无数个小目标，从原始数据中学习，获得比较低级的、容易获得的表达方式，最后从这些比较低级的表示中学习，进而获取相对比较高级的表示。这种采用人工神经网络，对大量数据进行深度挖掘的方法，目前已被广泛应用于图像鉴定、语音识别、材料设计、药物研发等各个领域，常常被用于分类、做决定的预测工具。DL 最有效的实现形式是深度神经网络(Deep Neural Networks，DNN)，DNN 的优势在于：(1)数据量非常大，可得到研究目标大量、丰富、全面的特征信息。反之，若数据量太小，很难获得所需的准确特征，只有在大量的数据支撑下，才能准确、高效地完成特征提取；(2)强大的计算能力；(3)优越的算法，可以更好促进模型的训练和实战。DL 模型训练过程分为两种，一种是非监督学习，从底层到顶层逐级的训练，也可当作特征学习过程，这是与传统的神经网络差异最大之处。另一种是监督学习，是网络微调的过程。近年来，DL 已经渗透到生命科学研究的诸多领域(如基因组学、药物研发、疾病诊断等)，并发挥了举足轻重的作用。比如，其在蛋白结构预测，蛋白与配体之间的相互作用，蛋白与 RNA 之间关系预测等方面也起到了关键的推动作用。在生物、医药等各个领域中的成功应用，一方面得益于算法本身的设计；另一方面主要归功于这些领域内数据量的积累。众所周知，深度学习模型要取得好的预测效果，必须用大量的数据训练。数据越多，质量越高，模型就能学习到更多有用的特征，预测结果才能更准确。随着生命科学研究的进展，生物序列数据、化合物分子数据以及图像数据等逐渐被累积起来。但是，怎样从这些生物大数据里面挖掘有用信息，指导药物研发、疾病诊断等研究？这是一个迫切且具有重大意义的研究课题，深度学习的发展给这个问题的解决带来了希望。目前，DL 的主流模型有自编码、玻尔兹曼机、卷积神经网络、循环神经网络、深度置信网络、递归神经网络、回声状态网络等二十多种。下面主要介绍本文涉及的基础模型，如卷积神经网络、长短时记忆神经网络。

1.4.2.1 卷积神经网络

卷积神经网络(Convolutional Neural Networks，CNN)结构一般由两部分构成，一部分是特征提取层；另一部分是特征映射层。在特征提取部分，神经元上的偏差与权重具有学习能力，所有神经元的输入与上一层的局部接受域相关联，即神经元都能得到部分输入数据，然后进行内积运算，最后激活函数运算。在特征映射部分，所有特征映射都是一个平面，平面上各个神经元的权值都一样，多个特征映射组成 CNN 的计算层。一般情况下，CNN 主要由卷积层(Convolutional layer)、池化层(Pooling layer)和全连接层(Fully connected layer，FC)构成，按照一定顺序排列构成，其基本原理如图 1-11 所示。

卷积层用于特征提取，检测前一层的局部特征，这是 CNN 中最基本的操作。

即用不同的卷积核进行卷积，通过一个激活函数得到输出特征图。常用的激活函数包括 Relu、Tanh、Sigmoid 等。它们均为非线性激活函数，比线性激活函数具备更强大的特征表达能力。其位置有所差异，激活 Relu 函数常常用在卷积层，Tanh 和 Sigmoid 函数通常用于全连接层。为了能够由低级到高级，由局部到全局地提取特征，可以采用多个卷积层实现。比如，对图像进行卷积的本质是提取图像的不同特征。通常情况下，卷积层是先提取边、角、线的特征，组合成一定的形状后，再提取相对更高级的特征。

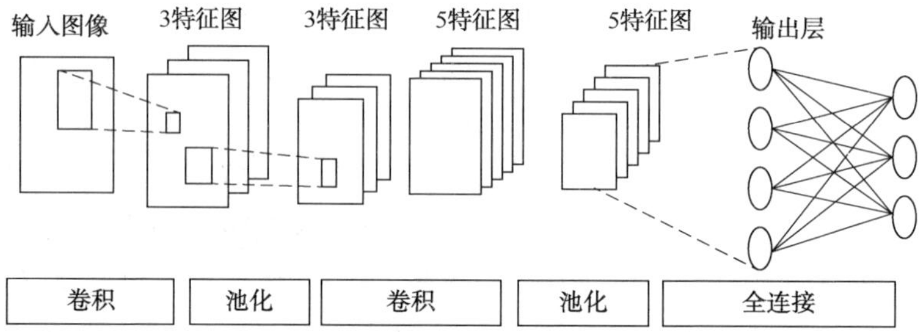

图 1-11　卷积神经网络原理图

池化层的值通常源于上一个卷积层，其本质是进行采样。常用的池化主要包括最大池化和平均池化。最大池化(Max pooling)，简言之，就是对某一区域取最大值。对应地，平均池化(Mean pooling)是对某一区域取平均值。池化可以实现对特征图的降维，减少所需的参数和计算量，保留主要的特征。有利于增强 CNN 的鲁棒性，并具备一定的抗扰动功能。此外，还能防止过拟合。

全连接层的主要功能是将二维空间转化成一维向量，也就是说，将高维降到低维，将有用的信息保留，实现维度的转换。FC 的输出会放到分类器或回归器，分别进行分类或回归。具体来说，前面的卷积层、池化层及激活函数主要功能是把最初的数据映射到隐藏层特征空间，而 FC 的主要作用是将隐藏语义表达出来，并把“分布式特征表示”映射到样本标记空间。FC 在 CNN 中，是用于对前面获取的特征进行加权、操作，一般会出现在模型的最后几层。

1.4.2.2　长短时记忆网络

传统前向型神经网络在单一的方向上逐层进行传播，每一层之间的神经元节点不存在连接。为了进一步挖掘时序数据中数据间的关联性，提出了循环神经网络(Recurrent Neural Network，RNN)，使隐藏层神经元节点间能够互相关联。在 RNN 中，隐藏层神经元的输出不但与输入层的数据有关，而且与隐藏层神经元上的时间步长输出也有关。传统 RNN 的结构如图 1-12 所示。其中，A 表示隐藏层神经元，x_t表示时刻 t 的输入向量，y_t表示时刻 t 的输出向量。然而，传统 RNN 在对时序样本进行训练时，会出现梯度爆炸与消失现象。为了解决这个难题，利用了各种优化理论改进 RNN，并获得了多种 RNN 的变体，包括长短时记忆(Long and Short Term Memory，LSTM)、门控循环单元(Gated Recurrent Unit，GRU)和简单循环单元(Simple Recurrent Unit，SRU)。下面介绍本文涉及的 LSTM。

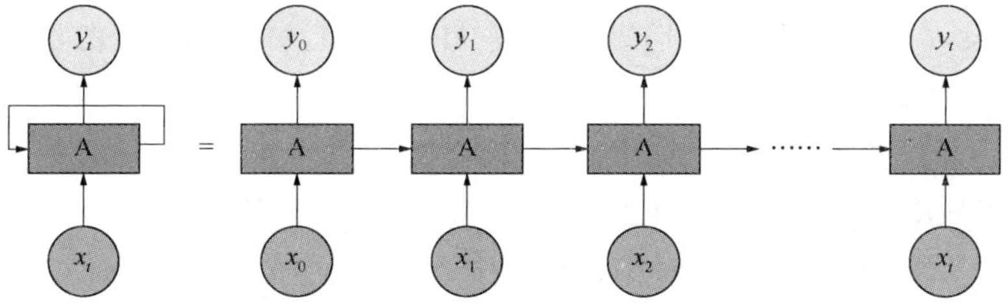

图 1-12　传统循环神经网络的结构示意图

LSTM 是一种先进的 RNN，1997 年由 Hochreiter 和 Schmidhuber 等提出的。通过维护一个内部记忆单元，可以很好地解决传统 RNN 中的梯度消失及梯度爆炸难题。单个 LSTM 网络单元的结构如图 1-13 所示，其中 t 时刻的每个参数可由以下的公式计算：

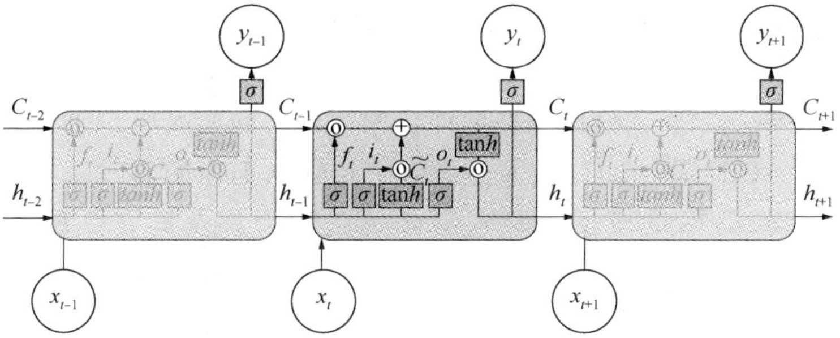

图 1-13　LSTM 单元的结构示意图

$$f(x) = \frac{e^x - e^{-x}}{e^x + e^{-x}} \tag{1-2}$$

$$f_t = \sigma(\boldsymbol{U}_f x_t + \boldsymbol{W}_f h_{t-1} + b_f) \tag{1-3}$$

$$i_t = \sigma(\boldsymbol{U}_i x_t + \boldsymbol{W}_i h_{t-1} + b_i) \tag{1-4}$$

$$\widetilde{C}_t = \tanh(\boldsymbol{U}_c x_t + \boldsymbol{W}_c h_{t-1} + b_c) \tag{1-5}$$

$$Ct = it\widetilde{C}_t + ft℃_t - 1 \tag{1-6}$$

$$ot = \sigma(\boldsymbol{U}_o x_t + \boldsymbol{W}_o h_t - 1 + bo) \tag{1-7}$$

$$ht = ot^\circ \tanh(C_t) \tag{1-8}$$

$$yt = \sigma(\boldsymbol{V}h_t) \tag{1-9}$$

式中，i，f，o 分别代表输入门，遗忘门及输出门的激活。$\boldsymbol{U}_i$，$\boldsymbol{U}_f$，$\boldsymbol{U}_c$，$\boldsymbol{U}_o$，$\boldsymbol{W}_i$，$\boldsymbol{W}_f$，$\boldsymbol{W}_o$，$\boldsymbol{W}_c$，$\boldsymbol{V}$ 分别代表权重矩阵。C_t意味着 t 时刻记忆单元存储信息。b_c，b_i，b_f及 b_o是偏置向量。运算符⊙是 Hadamard 乘积。σ 代表非线性公式，Tanh 激活函数如公式(1-2)。

首先，通过公式(1-3)计算出遗忘门f_t的值，这个值决定了 t 时刻 C_{t-1}的重要度。C_t被设计出来，用于长时间地记住事件。其次，根据公式(1-4)，计算出输入门的值 i_t，这个值决定了 t 时刻记忆单元，输入 x_t和 C_{t-1}的影响。这个输入门避免了不相关的信息进入记忆单元。根据公式(1-5)，计算出记忆单元的候选 $\widetilde{C}_t$，以记忆候选事件。再次，可以得到时刻 t-1 输入门的值 i_t，遗忘门 f_t，候选状态的 $\widetilde{C}_t$，和状态值 C_{t-1}。新的记忆单元的 C_t就能够按照公式(1-6)更新出来。输出门的值会对当前输出的记忆产生影响。在记忆单元 C_t和输出门值[公式(1-7)]的新状态下，隐藏值 h_t可以根据公式(1-8)计算出来，然后传递给 t+1 时刻。最后，输出值 y_t[公式(1-9)]用于下一层的计算。

近年来，深度学习为单分子荧光成像分析提供了创新的解决方案。已经被逐渐应用，比如，加速超分辨率显微镜在噪声很大的情况下识别荧光显微镜图像中单分子及 FRET 数据的分类等。受这些开创性工作的启发，本论文也将设计并训练两种新的深度模型，研究受体蛋白的聚集及其在细胞膜上的动态过程。

1.5 CXCR4 聚集的研究现状

CXCR4(C-X-C Chemokine Receptor type 4)趋化因子受体于 1996 年，由 Feng 等发现的七次跨膜螺旋的膜蛋白，由 352 个氨基酸组成，是 GPCRs 中 A 家族的重要成员。据文献报道，CXCR4 在干细胞、癌细胞和淋巴细胞上都有所表达，且与其配体基质细胞衍生因子 1α(Stromal Cell-derived Factor-α1，SDF-1α)的相互作用，在免疫系统，造血系统，发育、组织构建中发挥重要的作用。此外，研究者发现 CXCR4 也是 HIV 病毒入侵 T 淋巴细胞的靶位点，并且 CXCR4 被激活后，会促进细胞骨架的重排，黏附内皮细胞，细胞趋化运动等多个过程。

通常情况下，在配体刺激后，GPCRs 会发生构象变化，促使三磷酸鸟苷（Guanosine Triphosphate，GTP）交换 G 蛋白上本来结合的二磷酸鸟苷（Guanosine Diphosphate，GDP），致使 G 蛋白的 α、β、γ 亚基分离。这样一来，G 蛋白（与 GTP 结合着的 α 亚基）处于激活状态，将参与下一步的信号传递过程。依据 Gα 亚基和亚型的差异，将信号传递到对应的信号通路。CXCR4 对其配体 SDF-1α 的化学梯度迁移非常重要。在 SDF-1α 刺激后，CXCR4 被激活，并与 G 蛋白（αi，α12，α13）结合过 αi，CXCR4 抑制腺苷酸环化酶，通过 β、γ 亚基激活依赖于钙流信号传导的磷脂酶 C。在配体结合后，CXCR4 经过 G 蛋白受体激酶在其胞内环（第三个）或胞质尾部发生磷酸化（GRKs）。CXCR4 的磷酸化使其与 β-arrestin 结合，促使受体与 G 蛋白的解偶联，阻断其进一步激活 G 蛋白，CXCR4 发生内化。内化后的受体可以再循环，回到细胞膜或被分到溶酶体中降解。

已知 CXCR4 介导的信号通路在正常生理条件下能促进细胞迁移。CXCR4 在含破骨细胞（Oc）前体的单核细胞上高表达，已有研究表明，SDF-1α 促进人单核细胞群中 pre-Oc 的趋化招募，支持 CXCR4 在特定造血细胞迁移中的作用。此外，通过使用 SDF-1α 肽拮抗剂或抗 CXCR4 抗体，SDF-1α 刺激 CXCR4，可诱导 T 淋巴细胞趋化反应。CXCR4 对选定的神经元细胞的适当迁移至关重要，因为敲除 CXCR4 的小鼠大脑神经元层的形成受到颗粒细胞迁移缺陷的影响。CXCR4 也在骨髓中的造血干细胞上表达，高浓度的 SDF-1α 对这些细胞在骨髓中的保留很关键。最后，CXCR4 通过促进祖细胞从起源到分化位置的迁移对发育至关重要。因此，缺乏 SDF-1α 的小鼠就会死亡。这些研究强调 CXCR4 对正常生理功能和发育至关重要。SDF-1α 与 CXCR4 轴可以传递多种通路的信号转导，并介导 CXCR4 依赖的迁移，如磷脂酰肌醇 3-激酶、细胞外信号调节激酶、p53 和皮质感觉通路。尽管趋化因子受体在生理条件下对配体的局部浓度梯度有反应，但这些已知的 CXCR4 介导的信号通路是通过在 SDF-1α 浓度相同的情况下，通过刺激表达 CXCR4 的细胞进行识别，这可能会导致这些通路的信号动力学特征发生本质上的不同。

在不同的细胞系中，SDF-1α 激活 CXCR4 可向 ERK 通路发出信号。在 HEK293 细胞中，ERK 在 SDF-1α 刺激下以剂量依赖的方式激活，而在过表达 CXCR4 的 HEK293 细胞中 ERK 被强烈激活。在星形胶质细胞中，SDF-1α 治疗诱导 ERK 磷酸化，而在转染 CXCR4 的 B 前淋巴瘤细胞中，MEK 抑制剂 PD98059

减弱了这一作用，SDF-1α 同时诱导 ERK 和 MEK 磷酸化。这在成熟的树突状细胞中也得到了证实，MEK 抑制不仅抑制了 SDF-1α 诱导的 ERK 磷酸化，还抑制了 SDF-1α 诱导的迁移。进一步证明 ERK 在 SDF-1α 诱导的迁移中发挥作用，用 DN-ERK 转染骨肉瘤细胞可以拮抗 SDF-1α 诱导的迁移。因此，CXCR4 介导的 ERK 信号在癌细胞迁移中具有重要作用。

最早在 1996 年，Oberlin 等提出 CXCR4 可能存在聚集现象。渐渐地，越来越多的文献报道，CXCR4 不仅可以与 CCR2、CXCR7、CXCR2 以及 CCR5 发生异源聚集，而且自身还可以发生同源聚集。SDF-1α 是 CXCR4 的配体，可诱导多种作用，包括钙流的动态变化、趋化反应、骨髓生成、神经元模式的形成和 HIV-1 感染的预防。尽管如此，对受体与趋化因子相互作用后产生各种反应所需的生化途径知之甚少。1999 年，Antonio 等开发了一套特异性识别 CXCR4 的单克隆抗体，并将其用于识别 SDF-1α 与人体细胞结合后激活的信号通路。证明了 SDF-1a 的激活促进了 Gαi 与 CXCR4 的物理关联。此外，在 SDF-1a 激活后的几秒钟内，CXCR4 通过活化并与 JAK2 和 JAK3 激酶受体结合而磷酸化酪氨酸。在 SDF-1a 结合后，可能通过转磷酸化，与 CXCR4 结合的 JAK2 和 JAK3 通路都被激活。另外，还观察到 SDF-1α 诱导的酪氨酸磷酸酶 Shp1 的活化与 CXCR4 的 Gαi 依赖关系。正如细胞因子受体对细胞因子的反应一样，CXCR4 与 SDF-1a 结合后经历受体二聚，是触发生物反应的关键步骤。并提出了令人信服的证据，趋化因子通过类似于细胞因子激活的机制发出信号。2003 年，Babcock 等检测了 CXCR4 在洗涤剂溶解的细胞裂解物和完整细胞的细胞膜上的同源性。CXCR4 被发现在含有洗涤剂 CHAPSO 或 Cymal-7 的细胞裂解液中多聚，但其他洗涤剂没有被发现能破坏 CXCR4 的固有构象。CXCR4 的表达水平不影响观察到的 CXCR4 分子的多聚和差异标记，仅当 CXCR4 分子在同一细胞中同时表达时才发生关联。CXCR4 与另一个 HIV-1 主要共受体 CCR5 在共表达时不发生相互作用。利用生物荧光共振能量转移技术，证明了 CXCR4 多聚体在完整的细胞膜中自然存在，无论是否存在多种 CXCR4 配体，配体结合并没有显著改变观察到的 BRET 信号，这表明 CXCR4 作为本构低聚体存在。在用非变性洗涤剂制备的细胞裂解液中，CXCR4 以与二聚体一致的方式沉淀，而 CCR5 在这些条件下以单体形式沉淀。CXCR4 的稳定、本构性二聚作用可能有助于其在趋化因子结合、信号传导和 HIV-1 进入中的生物学功能。

G 蛋白偶联受体具有明显的同源性和异二聚性，可能影响其活性的调控。2005 年，Percherancier 等利用一个敏感的生物荧光共振能量转移系统，研究了

CXCR4 和 CCR2 趋化因子受体二聚体的形成。发现这两种受体都以本构二聚体和异质二聚体的形式存在，配体在未促进受体二聚体形成或解离的情况下，在预形成的二聚体内诱导构象变化。具有不同内在效度的配体产生不同的生物荧光共振能量传递调节，表明不同受体构象的稳定。同时还发现来自 CXCR4 跨膜结构域的多肽通过阻断配体诱导的二聚体构象变化抑制该受体的激活。综上均支持了一个模型，在这个模型中，趋化因子受体同源和异源二聚体组成型存在，并作为一个单元对配体结合作出反应，即使只有两个配体结合位点中的一个被占据，也会发生涉及两个受体的构象变化。2010 年，Wu 等报道了 CXCR4 的 5 个独立的晶体结构，其与拮抗剂小分子 IT1t 和环形肽 CVX15 在 2.5~3.2 Å 分辨率下结合。所有的结构都表明，与一个同源二聚体一致的界面，包括螺旋 V 和 VI，可能参与了调节信号。配体结合位点的位置和形状与其他 G 蛋白偶联受体不同，更接近细胞外表面。这些结构为阐明 CXCR4 及其天然配体 CXCL12 和 HIV-1 糖蛋白 gp120 之间的相互作用提供了新的线索。

A 族 G 蛋白偶联受体的二聚和寡聚在其信号转导中的作用一直备受争议。阐明这一问题可以极大地促进了合理的药物设计。2017 年，Lao 等利用单分子成像中漂白阶数分析法，阐明了存在于正常的哺乳动物活细胞中，趋化因子受体 CXCR4 主要以单体形式存，并在高表达水平下形成二聚体和高阶低聚体，如在癌细胞中。趋化性实验表明 CXCR4 的信号转导活性不仅取决于其表达程度，与 CXCR4 的寡聚状态密切相关。此外，配体的结合可以有效上调或下调 CXCR4 的寡聚体水平，表明结合配体可以通过调控 CXCR4 的寡聚状态实现其关键作用，而不是简单地诱导构象变化。另外，在此基础上 Ge 等利用百日咳毒素(Pertussis Toxin，PTX)解偶联受体 G 蛋白复合物，表明在激动剂存在的情况下，PTX 处理过的细胞上的二聚体和寡聚体的数量比未处理的降低了，结果表明，CXCR4 的寡聚状态与信号传导过程中，G 蛋白的解偶联存在密切的关系。当采用氯丙嗪(Chlorpromazine，CPZ)阻止 CXCR4 的内化后，继续用配体刺激，经过 CPZ 处理的细胞上的二聚和寡聚比未处理的细胞上的数量多，结果显示，聚集程度大的 CXCR4 更加倾向于内化，表明 CXCR4 的二聚化和寡聚化与其 G 蛋白介导的通路和 β-arrestin 介导的内化过程密切相关，并将在调节其信号转导功能方面发挥重要作用。尽管许多研究表明 G 蛋白偶联受体可以形成聚集体，但多数情况下是采用间接的手段得到的。比如，多采用荧光蛋白做标记物研究，然而荧光蛋白的不耐漂白及其受体在活细胞膜上的运动均可能导致实验结果的可靠性的影响。

1.6 主要研究内容及拟解决的关键问题

膜蛋白占人类基因组编码总蛋白的三分之一。多数膜蛋白会以聚集体复合物形式介导各种细胞功能，如免疫反应、信号转导等。GPCRs 作为膜蛋白中最大的家族，占据了目前市场上所有治疗药物靶向的 50%。最近的研究表明，GPCR 受体复合物(如二聚体或寡聚体)参与了 GPCR 的信号传导。聚集体的形成被普遍认为是把胞外信号传递到胞内，并调控下游信号通路的第一个步骤。然而，迄今为止，由于荧光探针易漂白、会闪烁等不稳定的缺陷，导致单分子荧光成像技术的局限，不仅受体蛋白在细胞膜上的聚集形式、动态过程不清楚，而且其在信号传导初期与下游内化的关系及受体聚集形成的机制未知，为此，制定本书的主要研究内容及技术路线，如图 1-14 所示。

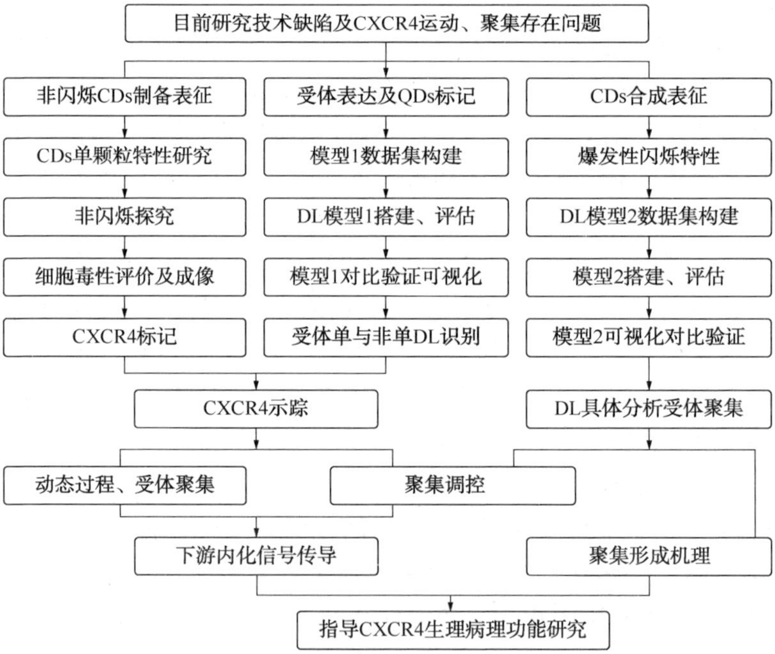

图 1-14 研究内容及技术路线图

1. 针对目前荧光标记物因存在易漂白、闪烁，难以实现膜蛋白长时间跟踪的问题，设计、合成了一种非闪烁的高稳定性荧光碳点，系统表征了其各种物理、化学、光学性质，评估了其细胞毒性，并将其应用于细胞成像。另外，以该

CDs 为探针，将其与抗体结合，特异性标记细胞膜上 CXCR4 受体，利用单颗粒荧光示踪技术探究了 CXCR4 在细胞膜上的运动状况，以及配体诱导受体激活过程中 CXCR4 的扩散动力学的变化。

2. 为了提高单分子荧光成像技术研究受体蛋白聚集的准确率，快速、实时追踪受体单体与聚集体之间的动态过程及下游信号转导，本论文结合设计机器学习算法，搭建并训练一个由卷积层、池化层以及全连接层构成的卷积神经网络深度学习模型，评估了此模型的准确率、泛化能力，迁移性等，验证了该模型的可靠性，发展了一种快速且准确率高于 98%的深度学习辅助单颗粒荧光示踪的方法，实现了受体蛋白单体与复合物的准确识别，实时跟踪了单分子水平上的受体蛋白的相互作用，详细研究了细胞膜上 CXCR4 蛋白在配体刺激前后，受体运动状态、聚集状态的变化以及下游内化信号传导过程的差异。

3. 为了实现受体蛋白聚集状态的具体分析，并探究聚集形成机制，本书利用了 CDs 爆发性闪烁的特性，设计并搭建了一个由卷积神经网络、长短时记忆网络及全连接网络构成的多层神经网络深度学习模型，评估了此模型的准确率、泛化能力等，发展了一个可以快速、准确、具体识别 CDs 闪烁的深度学习技术，并利用该技术深入分析了细胞膜上的 CXCR4 聚集问题，比较了不同刺激对 CXCR4 聚集的调控，同时探究了聚集的形成机制。

2　基于非闪烁碳点的活细胞膜上 CXCR4 示踪

2.1　前言

膜蛋白的扩散通常与其细胞信号传递与功能有关。近几十年来，陆续发展起来诸多用于受扩散运动的研究方法，比如光漂白后光恢复技术(FRAP)、荧光相关光谱(FCS)、单粒子跟踪(SPT)技术等。在这些方法中，FRAP 和 FCS 是通过监测激光激发的细胞特定区域的信号强度变化，测量受体蛋白的扩散运行的。这样得到的受体扩散系数原则上是在空间和时间上平均的，不能很好地描述细胞所处的不均匀环境。SPT 技术因为可以实时追踪单个荧光团标记的受体，进而提供受体分布和动态的直接信息，是目前用于膜受体扩散研究的首选方法。一般情况下，理想的 SPT 荧光标记物应具备不闪烁(不间断、持续亮)，很耐光漂白的特性。然而，目前现有的荧光探针，如荧光蛋白、有机荧光染料、半导体量子点和碳基纳米荧光材料都表现出会荧光闪烁和光漂白现象。为此，发展一种不闪烁且耐光的荧光探针，实现对活细胞膜上的受体蛋白的长时间示踪，仍是一个巨大的挑战。

近年来，碳点因其成本低、易于合成、生物相容性好、荧光性能优异等优点而备受关注，被认为是下一代绿色荧光成像纳米探针。与传统的量子点不同，CDs 由于其表面相关的发射机制，其荧光更多地依赖于前体和表面结构。丰富的表面基团(如—COOH，—OH，—NH_2)产生了大量宽而深的能量缺陷，导致了严重的荧光闪烁。尽管这种闪烁行为近年来在超分辨率成像中得到特殊的应用，但 CDs 长期处于暗态的特点，在本质上阻碍了其在单分子跟踪和定量荧光分析的理想探针方面的应用。据文献报道，自碳点出现的几十年来，几乎没有将其用于 SPT 成像的报道。为了解决这个问题，本书通过将丰富的芳香结构堆叠到碳核中心的策略发展了一种不闪烁的 CDs。该 CDs 不仅具备很强的红色荧光发射，同时其光稳定性、耐漂白性也很好。另外，通过采用 MTT 细胞毒性实验，证实了该

CDs对活细胞的细胞毒性极低，这些特性进一步体现出该CDs在活细胞膜上标记受体蛋白，并实现荧光成像和长时间追踪的可能性。

2.2 实验材料与仪器

2.2.1 实验材料(表2-1)

表2-1 主要实验药品

名称	规格型号	生产厂家
乙醇	500mL	阿拉丁试剂有限公司
柠檬酸	500g	麦克林生化科技有限公司
SDF-1α	100μL	Peprotech公司
青霉素	10g	碧云天生物技术有限公司
链霉素	10g	碧云天生物技术有限公司
胎牛血清	50mL	杭州四季青公司
氨基碳点	100mg	先锋纳米
羧基碳点	100mg	先锋纳米
羊抗鼠IgG	1mg	博士德生物公司
咪唑基碳点	100mg	先锋纳米
超滤离心管	UFC500324	上海摩速科学器材有限公司
DMEM培养基	500mL	Invitrogen公司
Millipore超滤管	500μL	百研生物科技有限公司
细胞培养八孔池		Thermo公司
质粒小提试剂盒		OMEGA公司
细胞培养96孔板		Thermo公司
Anti-CXCR4一抗	25μg	Biolegend公司
pc DNA4/TO载体		Invitrogen公司
Lipofectamine 2000	750μL	Thermofisher公司
2，2′-二氨基-1，1′-联萘	5g	麦克林生化科技有限公司

2.2.2 实验仪器(表 2-2)

表 2-2 主要实验材料与仪器

名称	规格型号	生产厂家
移液枪	0.01-1mL	Eppendorf
离心机	1-14	Sigma 公司
Nanodrop	Revco Value Plus	Thermo 公司
电子天平	AL204 型	Mettler Toledo 公司
微波消解器	MARS	CEM 公司
荧光光谱仪	Horiba FluoroMax-4	Thermo 公司
细胞培养箱	Heracell 150	Thermo 公司
拉曼光谱仪	Wire 4	Renishaw 公司
X 射线衍射仪	XD2×M4600	Marvin Panaco 公司
倒置荧光显微镜	EL6000	Leica 公司
高速冷冻离心机	5810R	Eppendorf 公司
-80℃超低温冰箱	Revco Value Plus	Thermo 公司
透射电子显微镜	JEM-2100	Thermo Fisher 公司
FS5 荧光光谱仪	FS5	Edinburgh 公司
傅里叶红外光谱	Nicolet 6700	Thermo Fisher 公司
激光共聚焦显微镜	Nikon A1	Nikon 公司
X 射线光电子能谱仪	ESCALAB 250	Thermo Fisher 公司
紫外可见分光光度计	Shimadzu UV-2450	Eppendorf 公司

2.3 实验方法

2.3.1 非闪烁碳点的制备

利用自下而上法，以柠檬酸(Citric acid，CA)和 2，2′-二氨基-1，1′-联萘(2，2′-Diamino-1，1′-binaphthalene，DBP)为反应物合成碳点。实验前，分别称取 0.21g 和 0.092g，将其溶于 10mL 无水乙醇中，然后转移至微波消解装置的反应器中，发生羧基与氨基的脱水缩合反应而制备。微波消解反应器的功率设定为 800W，反应温度为 200℃，反应器温度会迅速升高，并保持反应 1h。反应结束后，关闭仪器，待温度自然冷却，低于 80℃时，将样品从反应容器中取出。最后，采用 0.22μm 孔径的滤膜过滤，收集溶液。将所得的碳纳米颗粒溶液置于截留相对分子质量为 500Da 的透析袋，透析 24h。最后，收集透析袋内液，干燥、待用。

2.3.2 非闪烁碳点的表征

2.3.2.1 形貌尺寸与光学性质表征

采用透射电子显微镜(Transmission Electron Microscope，TEM)、动态光散射仪(Dynamic Light Scatterer，DLS)对 CDs 的形貌、尺寸、粒度进行了表征。利用 UV-2450 分光光度计，在 200~800nm 波长范围内，检测其紫外可见(UV-Vis)吸收光谱。利用不同的激发波长，监测 CDs 发射波长。利用 FS5 荧光光谱仪，发射狭缝宽度为 0.02nm，时间相关单光子计数(TCSPC)技术进行数据采集其荧光寿命信息。

荧光量子产率(Quantum Yield，QY)和荧光寿命是荧光材料的重要特征指标。QY 是荧光材料在吸收光后所发射出荧光光子数与所吸收激发光光子数之间的比值。采用参比法对 QY 进行测定与计算。首先，利用紫外-可见分光光度仪获取样品在某激发波长处的吸光度 A。其次，测得该样品在固定激发波长下的荧光发射。最后，经过计算，得到荧光积分面积，再按照公式(2-1)进行计算得到 QY。

$$QY = Q_R \times \frac{I}{I_R} \times \frac{A}{A_R} \times \frac{n}{n_R^2} \tag{2-1}$$

式中，QY 是荧光量子产率，%；I 为待测物的荧光积分面积，nm^2；A 代表目标待测样品的吸光度，A；n 代表目标待测样品溶剂的折射率，%；Q_R 代表参照物罗丹明 6G 的量子产率，%，已知其量子产率是 95%，I_R 代表罗丹明 6G 的荧光积分面积，nm^2；A_R 代表参照物罗丹明 6G 的吸光度，A；n_R 代表参照物溶剂的折射率，%。

2.3.2.2 细胞毒性实验

采用 MTT[噻唑蓝，3-(4，5)-dimethylthiahiazo (-z-y1)-3，5-di- phenytetrazoliumromide]实验方法评估、测试该 CDs 的细胞毒性。具体步骤如下：①将状态良好的 Hela 细胞，以 2×10^4 个细胞每孔的密度，接种在含 10%胎牛血清(Fetal

Bovine Serum，FBS）的 DMEM 培养基 96 孔板中；②将铺好细胞的 96 孔板放置在 5%CO_2气氛中，于 37℃细胞培养箱中孵育 24h；③先利用无菌的磷酸盐缓冲液（Phosphate Buffer Solution，PBS）清洗细胞，再加入 100μL 含有不同浓度 CDs 的 DMEM 培养基孵育 24h；④以不加 CDs 的细胞孔作为空白对照；⑤向每个孔中加入 20μL MTT 溶液（5mg mL^{-1}），并将 96 孔板在 37℃下，进一步孵育 4h；⑥孵育后，加入 150μL 二甲基亚砜溶解沉淀的甲瓒；⑦使用酶标仪测量 570nm 处的吸光度；⑧以 $A_{570}/A_{0,570}$的比值计算细胞存活率。

2.3.3 非闪烁碳点与 IgG 结合

基于所制备的 CDs 上面的羧基，通过 EDC 和 NHS，羧基和氨基反应，将 CDs 与 IgG 结合，具体过程如下：①提前制备 1×PBS（10mM）缓冲液和浓度为 10mM，pH=5.5 的 MES 缓冲液；②吸取 20μL 得到的 3～30kDa 的 CDs 溶液（含死体积的 MES 缓冲溶液），加入 10mg 的 EDC 和 10mg 的 NHS，用移液枪多次吹打，直至混合均匀后，放置室温反应 30min；③加入 pH 值为 7.4 的 10mM 缓冲液 1×PBS，吹打均匀，超离心去掉所有溶液，反转离心得到最后的浓溶液（PBS），约为 50μL，再迅速加入 50μL 浓度为 10mg/mL 二抗中，混合均匀后，室温反应 4h 或者 4℃过夜；④加入 pH=7.4 的 1×PBS 缓冲液，用 100 kDa 的超滤管，在 4℃超速离心机里超滤冲洗五遍以上，直至下腔室的滤过液无色；⑤用 450μL 0.5%的 BSA（Bovine Serum Albumin，牛血清白蛋白）溶液冲洗；⑥将超滤管反过来，以 1000r/min 转速离心，回收 CDs-Fab，4℃保存备用。

2.3.4 细胞复苏与培养

细胞复苏的具体步骤包括：①从液氮罐中取出细胞冻存管，将其直接浸入 37℃温水中，快速晃动，使管内样品尽快融化；②打开冻存管前，首先将镊子及冻存管盖处对准酒精灯烘烤，然后将瓶盖拧松，再用镊子将其彻底打开；③利用 1mL 的移液枪将冻存管内的细胞悬浮液移至事先准备好的新培养瓶中，（注意：枪头不能碰到除管内液体外的任何地方，以免污染）；④再吸取 5mL 的培养基，加入培养瓶中；将瓶口及镊子对准酒精灯燎烤；⑤用镊子将瓶盖扣上，最后动手把瓶盖完全拧紧，将培养瓶放置在培养箱中，待 5h 后更换培养基。

细胞培养的具体步骤包括：①将细胞瓶瓶口对着酒精灯，以免染菌，然后拧松瓶盖，再用镊子完全打开；②利用安装了 5mL 吸量管的电动移液枪将旧培养基完全吸出并扔掉；③用 1mL 移液枪准确移取 1～1.5mL 的胰酶，加入细胞培养瓶中，之后将此培养瓶及瓶盖在火前燎烤，用镊子扣上，最后用手将其完全拧紧，平放并轻轻晃动；④将步骤③的培养瓶放置在 Hela 细胞培养箱中 2min(可根据实际情况增加减少时间)，之后将其横向取出，轻轻晃动，肉眼可清晰地看见瓶壁的细胞脱落，然后在瓶身及手上喷酒精，在超净台将瓶打开，迅速向瓶中加入 11mL 含有 10% 血清的培养基，终止胰酶消化；⑤移液枪吹匀细胞悬浮液；⑥将细胞悬浮液吸取 6mL 移至新的培养瓶中，拧上瓶盖并做好标记后，将细胞培养瓶置于培养箱中培养；⑦最后清理超净台。

2.3.5 CXCR4-EGFP 质粒获取及转染表达

CXCR4-EGFP 质粒由本课题组其他成员构建并保存。详细基因序列，引物设计，PCR 扩增，产物纯化等见参考文献。

CXCR4-EGFP 瞬时转染表达的具体步骤包括：①提前 24h，将细胞接种于八孔池中，在细胞生长状态良好，汇合度约 90%的条件下，吸弃原培养基，加入无 FBS 的 DMEM 清洗细胞一遍；②向 400μL 无 FBS 的 DMEM 培养基中加入 2μg CXCR4-EGFP 重组质粒；③向另一个 400μL 无血清的培养基中加入 4μL 的 Lipofectamine 2000 转染试剂；④将以上两组混合溶液，轻轻吹打，混匀后，分别静置 5min；⑤将两组溶液混合在一起，静置 30min；⑥向八孔池的每孔加入 100μL 孵育 6h，换成完全培养基。

2.3.6 细胞成像

活细胞成像的具体步骤包括：①将 5×10^3 细胞接种到八孔池中，培养 24h；②吸弃培养基，利用无菌 PBS 溶液清洗细胞三遍，接着加入 100μg/mL 的 CDs 溶液，共同培养 5h 后，吸弃培养基，同样使用无菌 PBS 溶液清洗细胞三遍；③加入 PBS 溶液，对细胞进行共聚焦显微镜的明场成像及荧光通道成像(激发波长为 532nm，二色镜为 570nm，发射滤光片为长通 590nm)。

2.4 结果与讨论

2.4.1 非闪烁碳点的形貌表征

以柠檬酸和富含苯环的 2，2′-二氨基-1，1′-联萘为前体(按照 1：3 的比例)，以乙醇溶液为溶剂，在微波消解器中，反应温度为 200℃的条件下，密封反应 1h，在向碳核中引入大量芳环的情况下，发生缩合和碳化反应过程(图 2-1)。

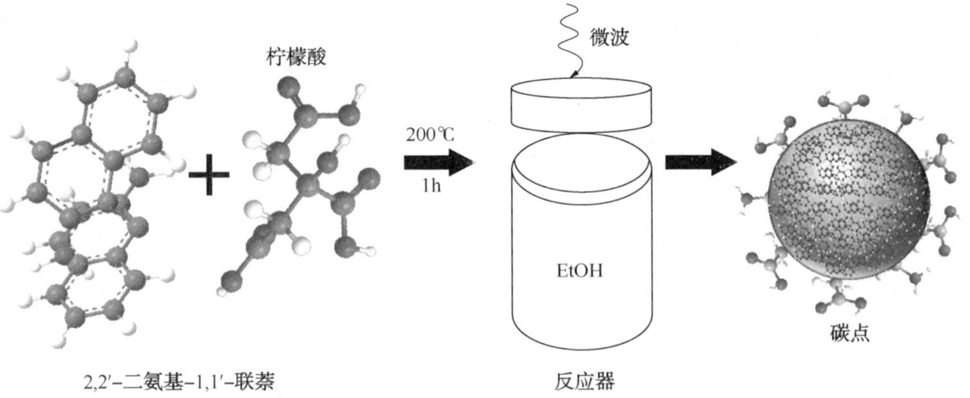

图 2-1　微波辅助加热合成 CDs 的过程示意图

纳米材料的形貌和尺寸是材料重要的参数，在很大程度上决定了生物系统如何与材料相互作用，比如直接影响材料可否被细胞摄取，摄取后的分布情况等。利用透射电子显微镜(Transmission electron microscope，TEM)对所合成的 CDs 的形貌及尺寸进行了表征。如图 2-2 所示，CDs 的分散良好，且尺寸均匀，平均直径约为 21nm[图 2-2(a)~(b)]。同时利用原子力显微镜(Atomic force microscope，AFM)进一步对 CDs 进行表征，并得知 CDs 呈现类球状形貌，高度约为 22nm[图 2-2(c)~(d)]。

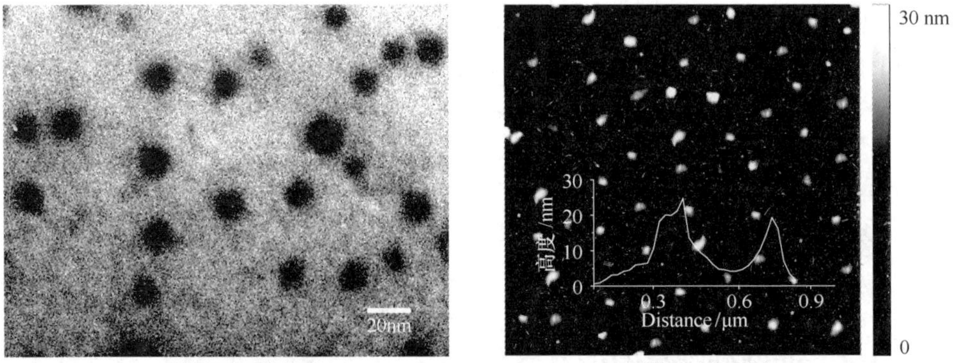

(a) 透射电子显微镜图　　(b) 颗粒尺寸分布图

图 2-2　CDs 的形貌表征

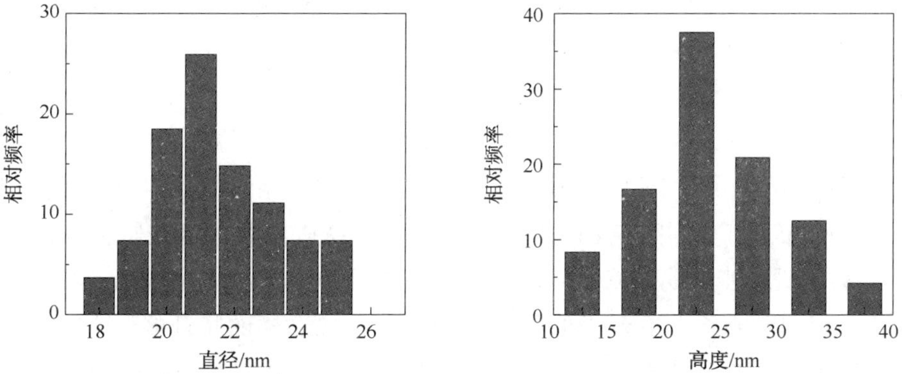

(c) 原子力显微镜图　　(d) 颗粒高度分布图

图 2-2　CDs 的形貌表征(续)

2.4.2 非闪烁碳点的性质表征

采用傅里叶变换红外光谱(Fourier Transform Infrared Spectroscopy，FTIR)对CDs颗粒表面基团进行了分析(图 2-3)。其中，3000~3500cm^{-1}的宽带分别表示

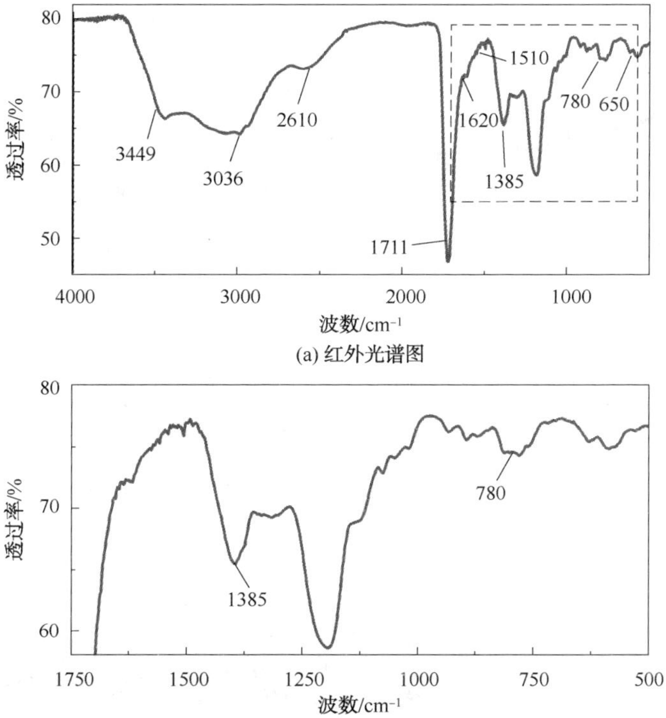

(a) 红外光谱图

(b) (a)所示框内区域的放大图

图 2-3　CDs 的傅里叶变换红外光谱图

O—H 和 N—H 的伸缩振动，1711 和 1385cm^{-1}处的特征峰是由于 C ═O 和 COO—基团的伸缩振动引起的，在 1650~1450cm^{-1}的特征峰及 880cm^{-1}和 680cm^{-1}处的特征峰，归为芳烃的特征峰。

XRD 谱图[图 2-4(a)]在 $2\theta=19.4°$处有一个特征峰峰，表明该合成的 CDs 具有非晶态结构。该 CDs 的拉曼光谱图中的 1366cm^{-1}和 1584cm^{-1}处分别出现了两个显著的峰，可分别归于 CDs 的无序表面和 sp2 碳网络的区域特征峰[图 2-4(b)]。为了进一步证明该峰是苯环的峰，利用不含苯环的柠檬酸和乙二胺为前体物，在相同合成条件下合成的碳点，并没有出现这样的特征峰[图 2-4(c)]。这些结果表明，与常见的不含苯环的化合物相比，所合成的 DBP-CDs 含有更多的多环芳香结构。

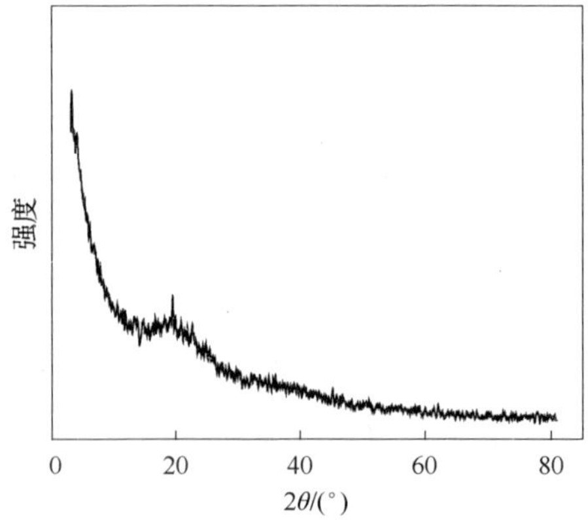

(a) DBP-CDs的XRD图

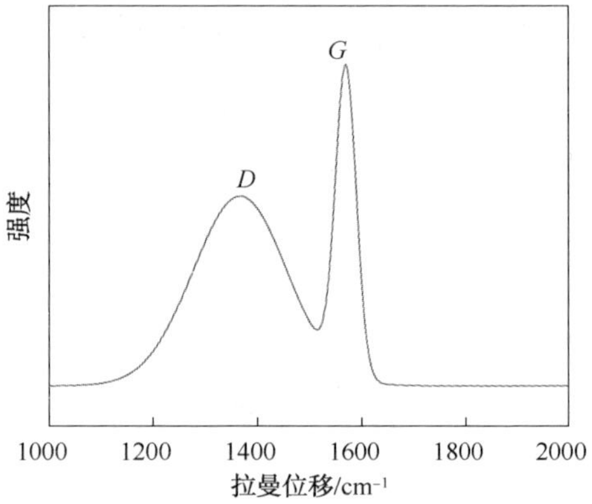

(b) DBP-CDs拉曼图

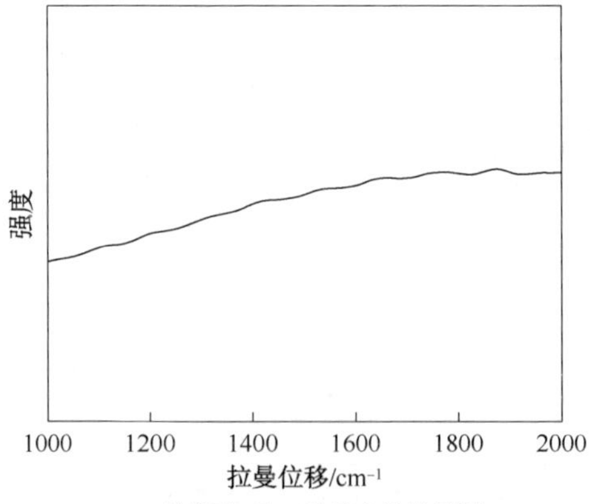

(c) 柠檬酸-乙二胺碳点的拉曼图

图 2-4　CDs 表征

为了更深入地探究 DBP-CDs 的化学结构，采用 X 射线光电子能谱(XPS)进行了分析。XPS 结果如图 2-5(a)所示，285 eV、400 eV 及 531 eV 处的特征峰分别归于 C1s、N1s 和 O1s 的信号峰，其原子百分数分别为 76.32%、7.23% 和 16.45%。对 C1s 特征峰进行分峰拟合[图 2-5(b)]，在 284.6 eV、285.3 eV 和 288.9 eV 处的三个特征峰，分别对应 sp2 碳(C ═C)、C—C、C—N 和 C ═N/C ═O 特征峰。N1s 特征峰进行分峰拟合[图 2-5(c)]，在 399.7 eV 与 401.7 eV 处的两个峰，分别对应 C—N 和 N—H。O1s 特征峰进行分峰拟合(图 2-5d)在 531.6 eV(C ═O)和 532.9 eV(C—O)处产生两个峰。XPS 与 FTIR、拉曼光谱的结果完全吻合，同时也证实了 CDs 中富含芳环，DBP-CDs 是表面富含羧基的碳纳米颗粒，这为其在生物成像方面的应用提供了可能性。

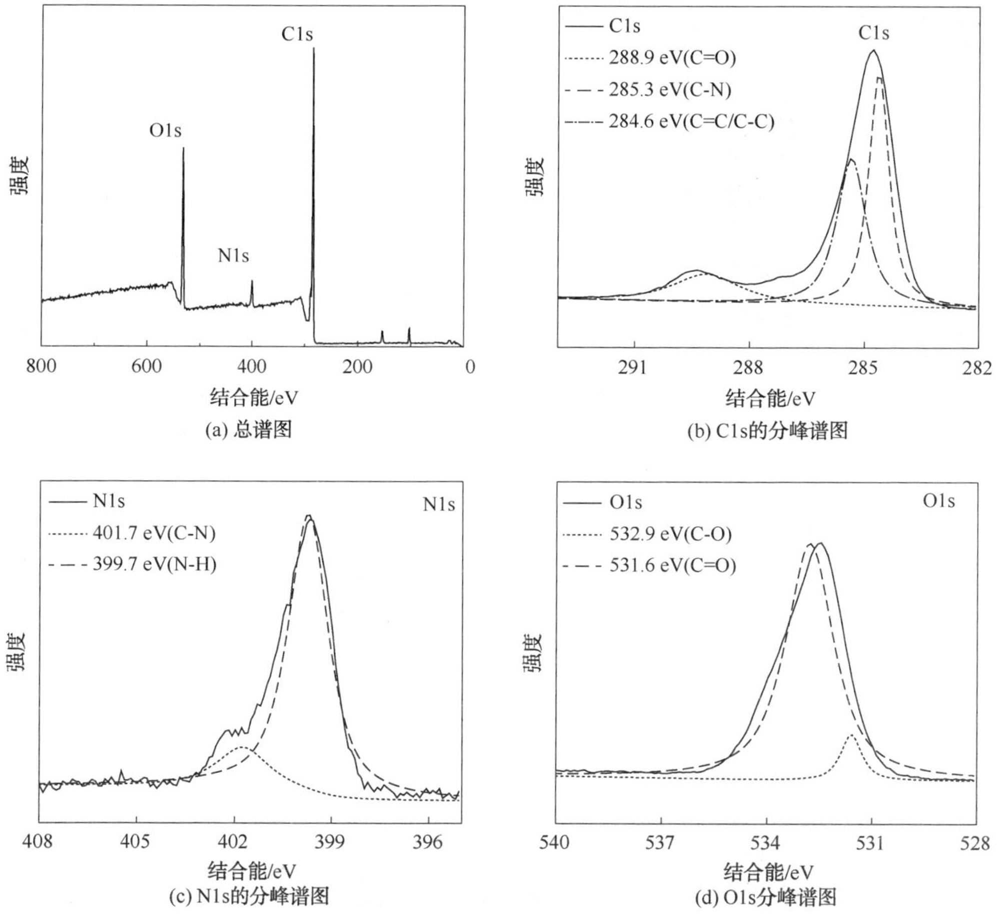

图 2-5 DBP-CDs 的 XPS 图

为了探究 CDs 的光学性质，采用紫外-可见吸收光谱和荧光光谱对 CDs 进行了表征。如图 2-6(a)所示，CDs 的吸收范围在 200~600nm。在 345nm 处的吸收峰是归因于 n-π* 跃迁所致，小于 300nm 的吸收峰是 π-π* 跃迁。不同于已报道的常规的 CDs(在小于 300nm 处存在弱的单峰吸收)，DBP-CDs 在 240nm 和 280nm 处分别出现了两个强吸收峰，这一现象表明 CDs 中存在大量 sp2 基团。在荧光光谱图中，DBP-CDs 表现出明显的激发依赖特征[图 2-6(b)]。在 532nm 激光激发下，DBP-CDs 约在 591nm 处有明显的荧光发射峰。一般情况下，紫外光激发(大于 400nm)的蓝色荧光是源于分子内荧光，而激发依赖的，大于 400nm 的归因于表面发光，是共轭的芳香结构与连接的化学基团杂化而造成的。虽然这些表面态在可见光区的吸收相对较弱，但可以在长波长处发射出较强的荧光，这一点非常利于其在细胞成像方面的应用[图 2-6(c)]。

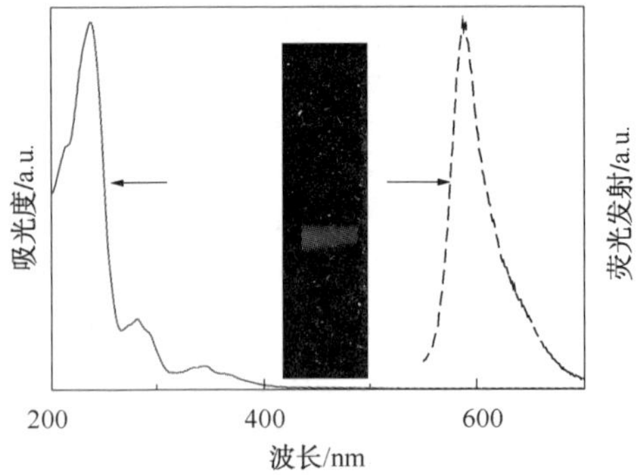

(a) CDs的紫外-可见吸收光谱及532nm激光激发下的荧光光谱，插图为532 nm激光作用下CDs水溶液的照片

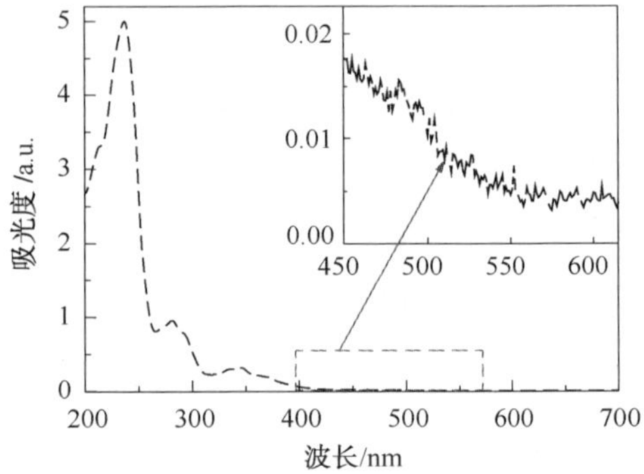

(b) UV-Vis吸收和区域放大图(插图)

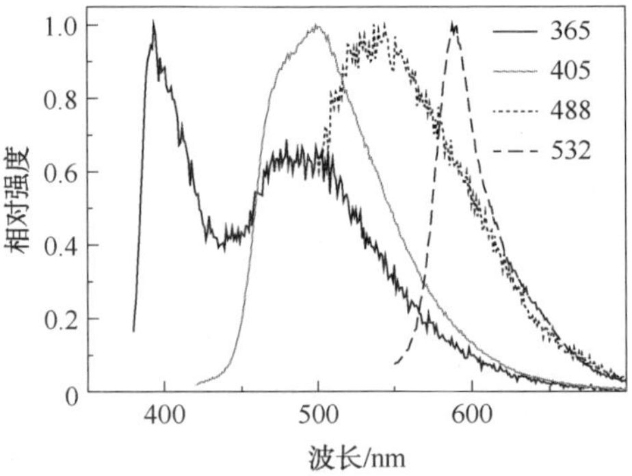

(c) CDs在不同波长激发下的归一化荧光光谱

图 2-6　CDs 的光学表征

为了体现所合成碳点的优越性，还对比了其与三种商品碳点的差异，分别是氨基碳点(Amino-CDs)，羧基碳点(Carboxyl-CDs)及咪唑基碳点(Imidazolyl-CDs)。实验结果表明，仅在<300nm 处出现了单个的吸收峰，其吸收与表面基团无关。除此之外，也检测、对比了其量子产率差异，结果显示，所制备的 DBP-CDs 的荧光量子产率高达 10%，而其他商品碳点的量子产率分别是 3.3%、1.09%、5.41%，远远高于商品的 CDs 的。

光致发光衰减光谱如图 2-7 所示。该荧光寿命曲线是根据以下拟合公式(2-2)多指数函数拟合所得：

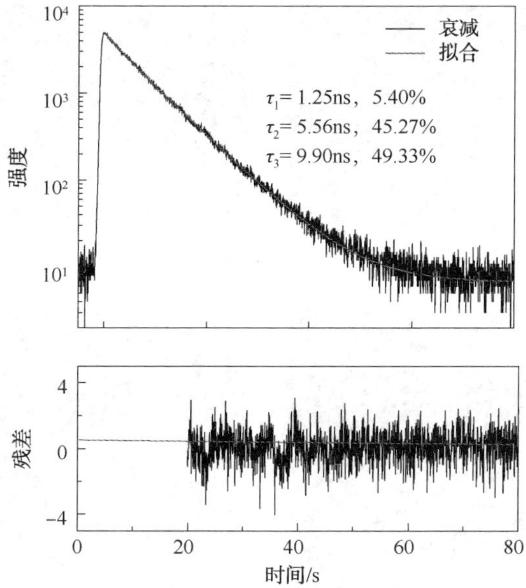

图 2-7 DBP-CDs 在 532nm 激发下的荧光衰减曲线(深色)和拟合曲线(浅色虚线)

衰减曲线拟合按照三指数衰减函数拟合，平均寿命计算公式为 τ = A1×τ_1+ A2×τ_2+ A3×τ_3。A1、A2、A3 为寿命成分 τ_1、τ_2、τ_3 的百分数

$$R(t) = A_1 e^{(-t/\tau_1)} + A_2 e^{(-t/\tau_2)} + A_3 e^{(-t/\tau_3)} \quad (2-2)$$

CDs 的荧光寿命测量显示出多指数荧光衰减曲线，平均寿命约为 7.47±0.23ns，进一步表明 CD 粒子中存在多个发射中心。

2.4.3 非闪烁碳点的单颗粒光学性质表征

为了评估 CDs 在单粒子水平上的荧光特性，采用 TIRFM 对 CDs 单颗粒进行单分子荧光成像。如图 2-8 所示，单个 CDs 在 532nm 激光激发下发出强度分布均匀且明亮的荧光光斑。出乎意料的是，发现所合成 DBP-CDs 在连续激光照射下碳点几乎不存在荧光闪烁，也没有光漂白现象(图 2-9)，这与以前报道的 CDs 截然不同。

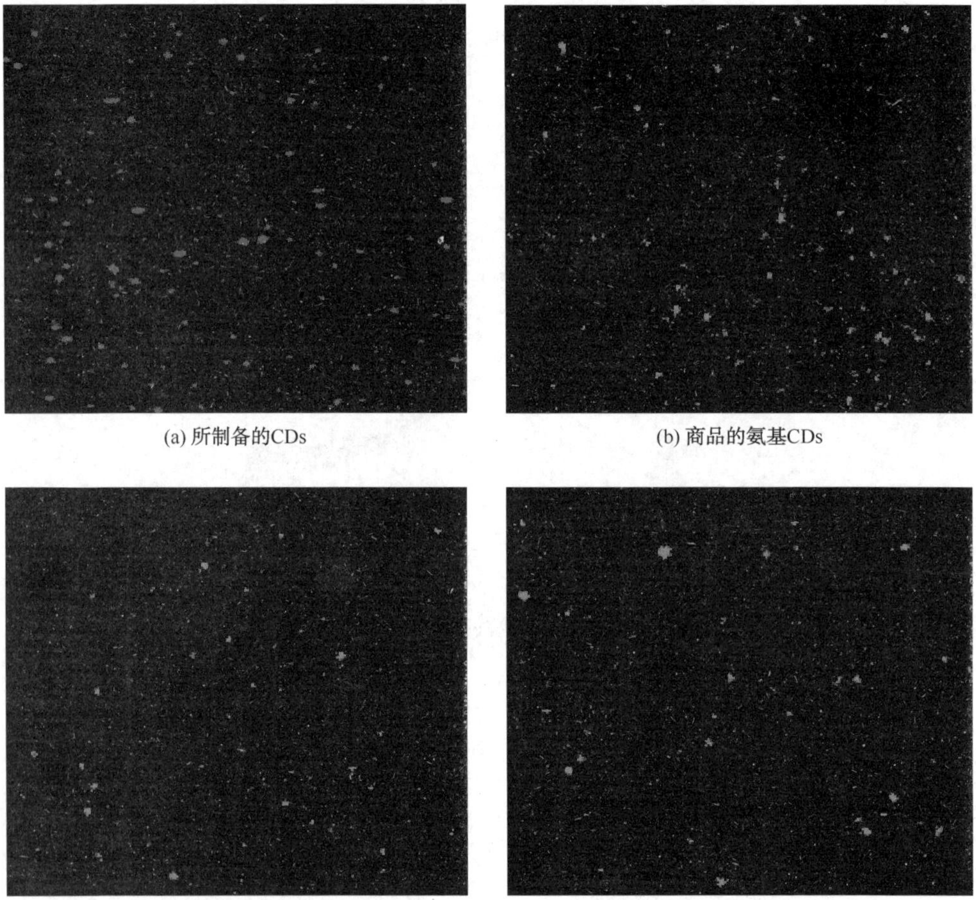

(a) 所制备的CDs　(b) 商品的氨基CDs

(c) 商品的咪唑基CDs　(d) 商品的羧基CDs

图 2-8　CDs 的 TIRFM 单颗粒荧光成像

光稳定性也荧光探针的关键评价指标，尤其用于单颗粒追踪的荧光探针。于是，在 30min 连续光照下，对所制备的 CDs 以及购买商品的三种 CDs 的光稳定性进行考察，并记录、比较了同一视场的荧光光斑数量随光照时间的变化。如图 2-10所示，在这四种 CDs 中，只有制备的 CDs 的光斑数量在 30min 内几乎没有减少，而其他的三种都发生了很明显的变化。尤其是商品的羧基碳点，在光照5min时，仅剩了10%的光斑。此结果表明，所合成的CDs对光漂白有很强的抵抗力，暗示了其在单颗粒荧光示踪成像方面的应用潜力。

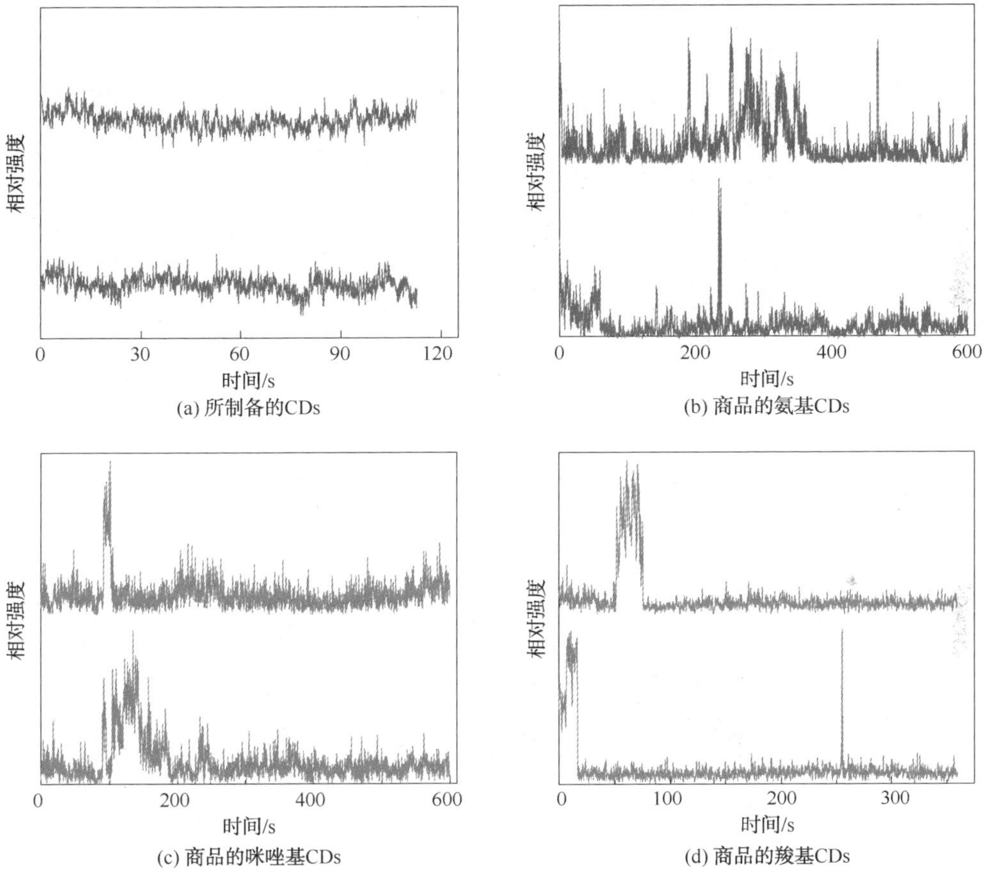

图 2-9　单个 CDs 的信号强度随时间变化的轨迹

自1996年首次发现闪烁的半导体量子点以来，几乎所有的有机荧光团和纳米粒子等荧光探针的闪烁现象已经被普遍观察到，当然也包括近年来出现的CDs。其闪烁机制被广泛认为是光激发的电子（或空穴）很容易被粒子表面的陷阱捕获。在带电或电荷分离的纳米粒子中，荧光通过非辐射性俄歇复合猝灭，直到电子（或空穴）通过通道回到纳米粒子内部。然而，这种解释只适用于单个发射位点或单个荧光团。在传统CDs的情况下，单个粒子已被证明只有一个光学活性发射中心，这说明单步漂白或单步过渡之间的开关态。与其不同的是，所制备的CDs在碳核中包含大量的π共轭域，类似于传统CDs的组装。将许多发射点整合到一个碳核心中，减少了碳点的荧光闪烁。

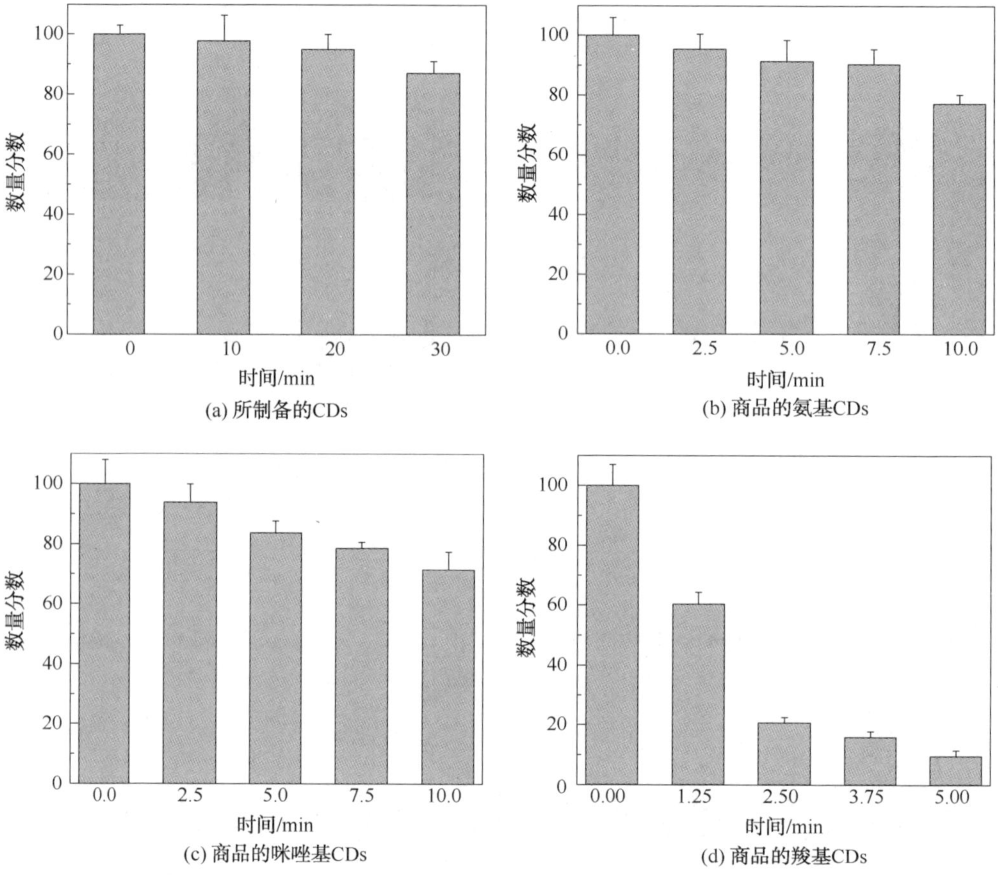

图 2-10　CDs 光斑数量分数随 532nm 激光照射时间的变化

2.4.4　非闪烁碳点细胞毒性评估

荧光探针的细胞毒性大小是其能否用于细胞成像的前提条件。首先，将Hela细胞与不同浓度的CDs共培养5h。其次，在532nm激光激发下，利用共聚焦荧光显微镜成像，观察细胞生长状态及对碳点的摄取情况。如图2-11(a)~(c)所示，细胞在与CDs共培养后，依然生长良好，表明CDs的细胞毒性较低。同时，荧光图像显示活细胞摄取了大量的CDs，并集中分布在细胞质中，说明该CDs可用于细胞成像。另外，MTT 测试方法是经典的用于细胞毒性评价的手段。因此，也采用 MTT 进一步评估该 CDs 的毒性。这里考察了 CDs 对三种不同细胞(宫颈癌细胞 Hela，小鼠结肠癌细胞 CT26，人胚肾细胞 293E)的细胞毒性。在与不同浓度的 CDs 连续孵育 24h 后，即使在 CDs 浓度高达 200μg · L^{-1}的情况下，细胞活力也没有明显下降，表明该 CDs 对细胞的细胞毒性极低[图 2-11(d)]。

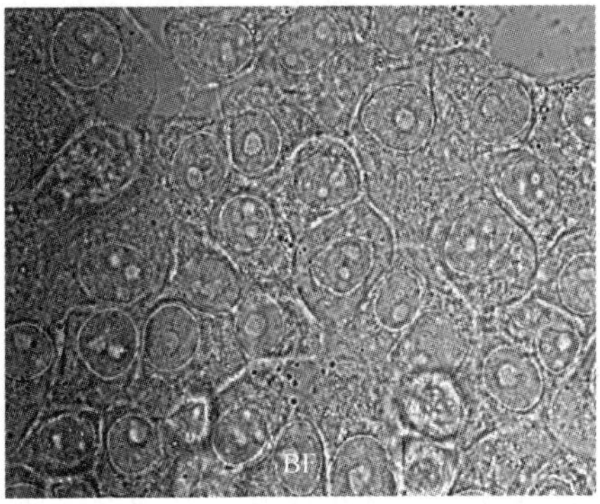

(a) 明场视野

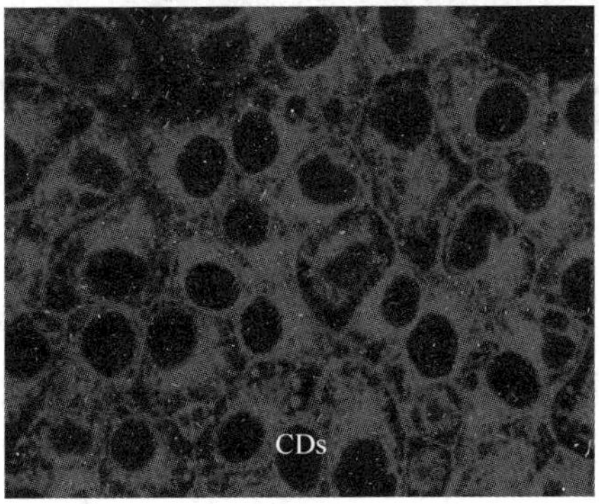

(b) 共聚焦荧光

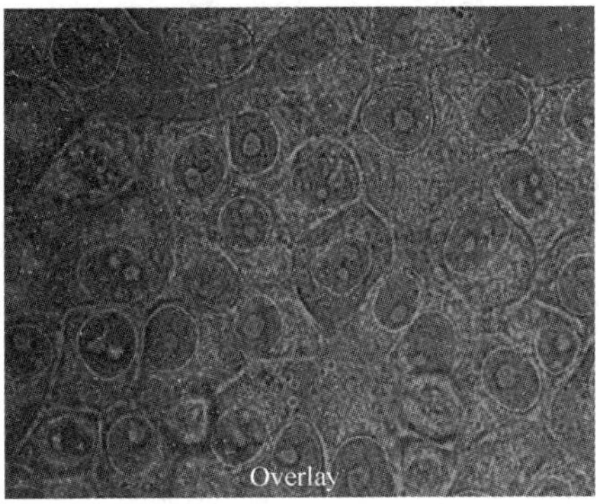

(c) (a)和(b)通道的细胞叠加图像

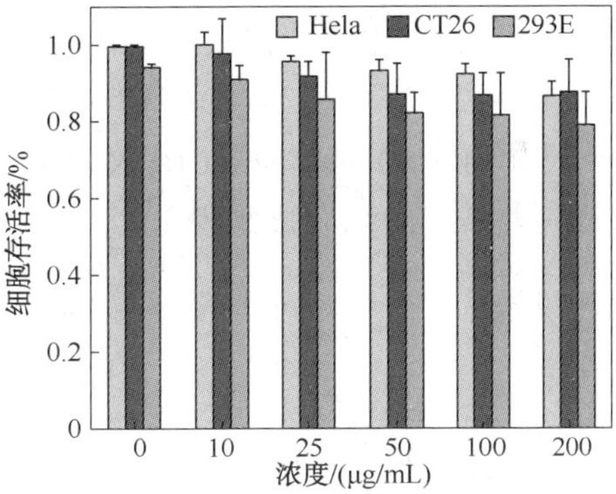

(d) CDs对Hela、CT26和293E三种类型细胞的MTT实验检测

图 2-11　CDs 的细胞毒性评估

2.4.5　CXCR4 的单颗粒示踪

为了验证 CDs 作为荧光探针在单颗粒示踪研究膜受体方面的 SPT 的应用潜力，使用 CDs 实时跟踪了活细胞膜上的趋化因子受体 CXCR4。CXCR4 蛋白作为 G 蛋白偶联受体的关键成员，参与了肿瘤的生长、侵袭和转移等。通常情况下，CXCR4 为了实现信号转导，会在细胞膜上经历多种级联动态过程，如侧

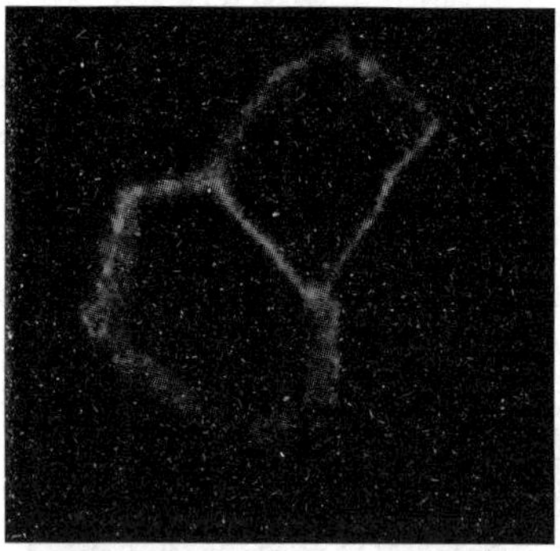

图 2-12 转染表达了 CXCR4-EGFP 的 Hela 细胞共聚焦图像(488nm 激光激发 EGFP)

向扩散、二聚和内化等。然而，由于跟踪技术的局限性，这些复杂的过程仍然难以捉摸，并且配体对于受体的扩散，二聚等的影响也一直是存在很大的争议。为了确保 CXCR4 是表达在细胞膜上的，将 EGFP 与 CXCR4 融合的质粒转染到 Hela 细胞中，利用共聚焦成像的图像证实了 CXCR4 集中表达在细胞表面(图 2-12)。

采用 TIRFM 对单个 EGFP-CXCR4 进行成像，可以观察到大量的 CXCR4 处于运动中的状态。然而，由于 EGFP 存在闪烁且会被快速地光漂白，使得单个 CXCR4 跟踪局限在约 10s 内，导致更长时间尺度上的信息缺失。但这个问题可以通过采用不闪烁的 CDs 标记物解决。为此，借助 EDC 和 NHS 及氨基、羧基缩合反应，将所合成的不闪烁 CDs 与山羊抗小鼠 IgG 二抗结合，制备出 IgG-CDs。该 IgG-CDs 可以与 CXCR4 一抗结合，特异性标记细胞膜上 CXCR4 蛋白。同时，采用动态光散射[图 2-13(a)~(b)]和 FCS 对 IgG 与 CDs 的结合进行表征。结果如下，IgG 尺寸约为 10nm，IgG-CDs 尺寸为 34nm，CDs 尺寸为 21nm，由尺寸数据来看，CDs 与 IgG 的结合比约为 1∶1。另外，FCS 的数据也进一步说明这一点。FCS 是测量微小体积内分子扩散系数的理想工具。根据自相关曲线 $G(\tau)=\frac{1}{N}\cdot\frac{1}{\left(1+\frac{\tau}{\tau_d}\right)}\cdot\frac{1}{\sqrt{1+\left(\frac{\omega_0}{z_0}\right)2\frac{\tau}{\tau_d}}}$(其中，$N$ 是激发体积中荧光粒子的平均数量，ω_0、z_0 分别是聚焦光束的强度减少 e^{-2} 的横向和轴向半径，τ_d 是与扩散系数 D 相关的特征扩散时间，$\tau_D=\omega_0{}^2/4D$。对于球形粒子，根据 Stokes-Einstein 方程式 $D=\frac{kT}{6\pi\eta R}$，其中，T 为温度；k 为玻尔兹曼常数；η 为溶液黏度。根据推算，R 与 τ_d 成正比。与 IgG 偶联后，CDs 的 τ_d 值从 519μs 增加到 716μs，约为 1.38μs。由于 TEM 测定 CDs 的平均粒径约为 21nm，IgG 为 10nm，因此 IgG-CDs 的粒径约为 31nm。而这里增加的 τ_d 的比例与增加的 10nm 的比例大体一致，为此，表明 IgG 与 CDs 之间的标记比为 1∶1[图 2-13(c)]。

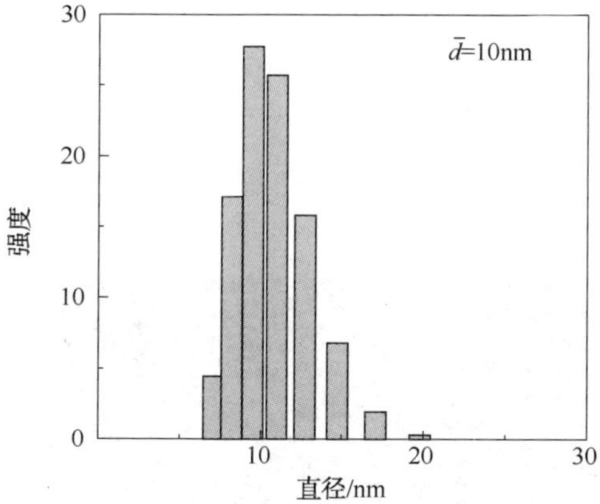

(a) 山羊抗小鼠IgG动态光散射

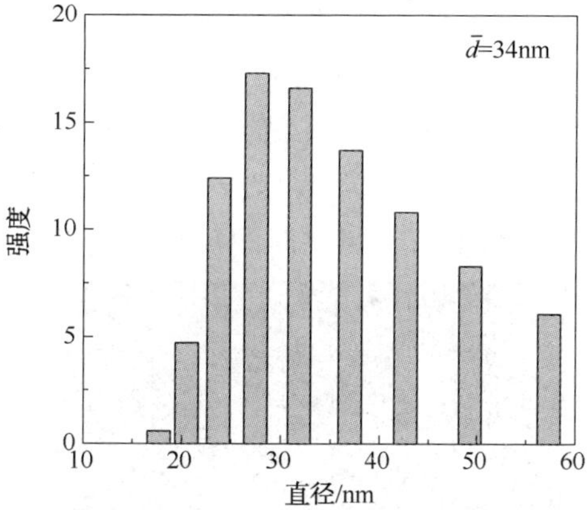

(b) 山羊抗小鼠IgG与CDs结合的动态光散射统计结果

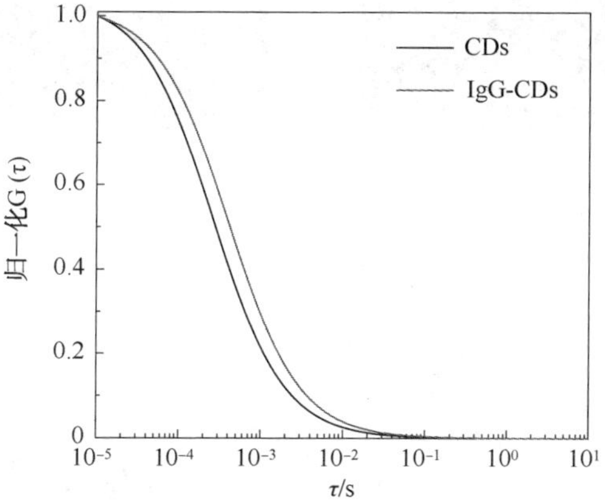

(c) CDs和IgG-CDs的归一化荧光相关谱

图 2-13 IgG-CDs 表征

在上述工作的基础上，采用 IgG-CDs 对活的 Hela 细胞膜上的 CXCR4 进行了特异性标记，并采用 TIRFM 进行成像，成像结果如图 2-14(a)和图 2-14(b)所示，可以清晰地看到单个 CDs 光斑分布在细胞膜上。这种 CDs 的不闪烁及其耐光漂白的特性使得 CXCR4 的长期跟踪成为可能。通过使用点扩散函数对光斑进行定位，可以得到 CDs 的定位，并实时跟踪，进而重构出 CDs 标记的 CXCR4 蛋白的扩散轨迹[图 2-14(c)]，并根据轨迹的均方位移(MSD)与时间的关系，可以计算受体在细胞膜上的扩散系数，了解受体蛋白的运动状态。

据统计、分析，CXCR4 在静息状态下的平均扩散系数为 $1.05\times10^{-2}\mu m^2\cdot s^{-1}$[图 2-14(d)]。然而，当加入其配体 SDF-1α 刺激后，CXCR4 的平均扩散系数降低至 $5.34\times10^{-3}\mu m^2\cdot s^{-1}$。为了进一步验证 CXCR4 在配体刺激后的扩散动力学变化，对细胞膜上受体蛋白在 1min 内的相对移动距离进行了统计，结果如图

2-14(e)~(f)的分布。结果表明，在配体刺激后，CXCR4 的位移从(0.17±0.09) μm 减少到(0.13±0.09)μm。这一现象经过初步推断是归因于配体的诱导使得受体二聚化，此结论与文献报道的 GPCR 相关工作得到的结果一致。由此可知，使用这种非闪烁 CDs 做荧光探针，可以实现受体扩散的长时间跟踪并且实时可视化。相较而言，可在时间尺度上提供更丰富的动态信息。

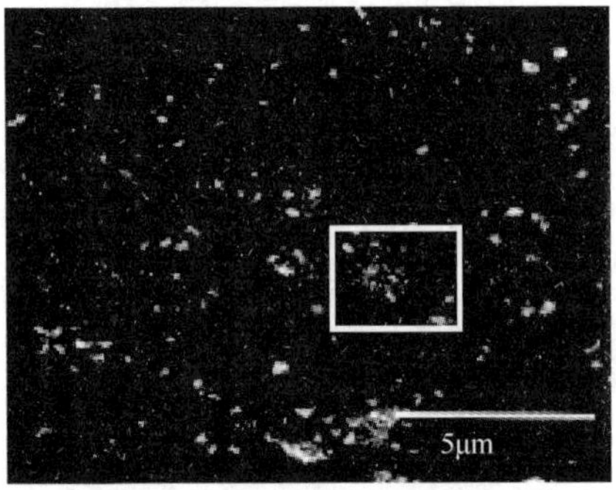

(a) CDs标记的活细胞膜CXCR4的荧光图像，[其中单个CDs(即受体) 的扩散轨迹使用了不同的颜色表示出来]

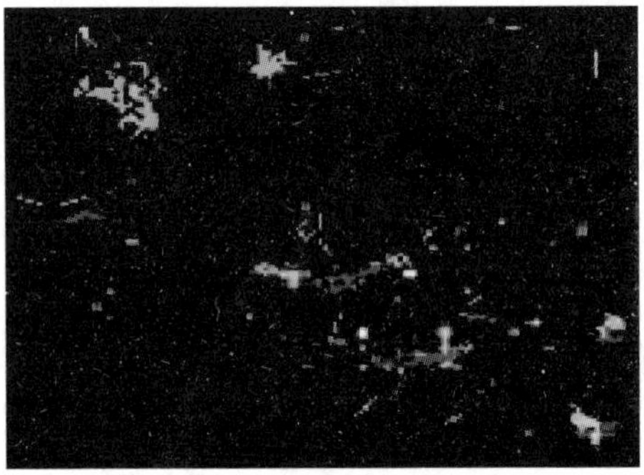

(b) (a) 所框区域的放大图

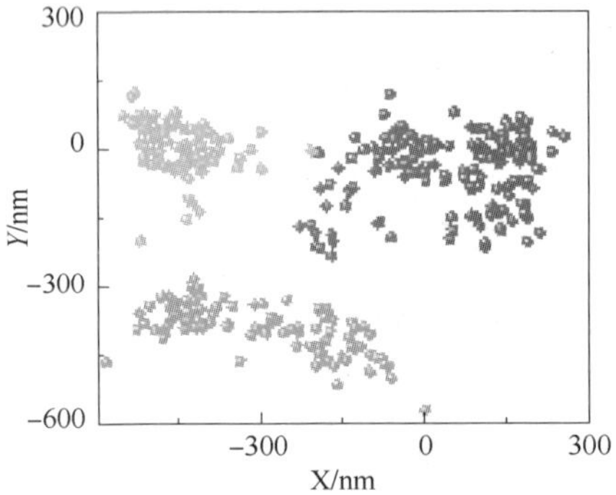

(c) CXCR4扩散的随机四条轨迹

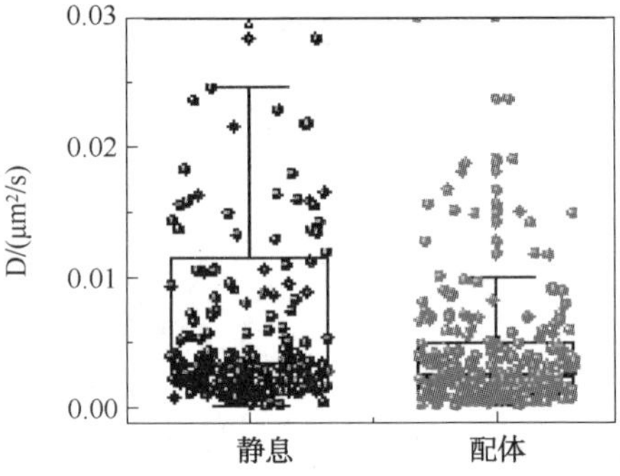

(d) 静息状态和配体刺激后CXCR4扩散系数的分布

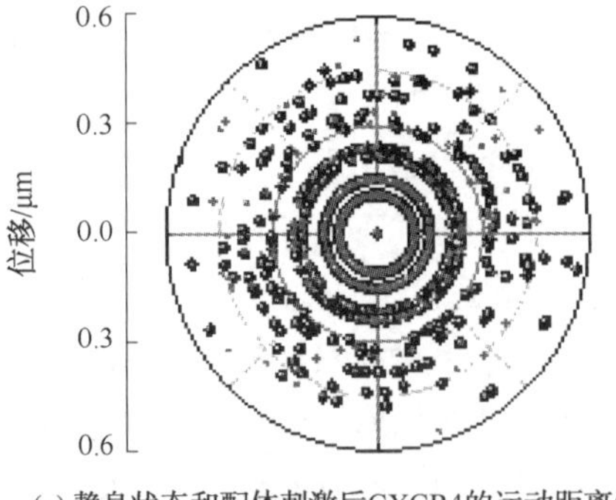

(e) 静息状态和配体刺激后CXCR4的运动距离(位移)分布

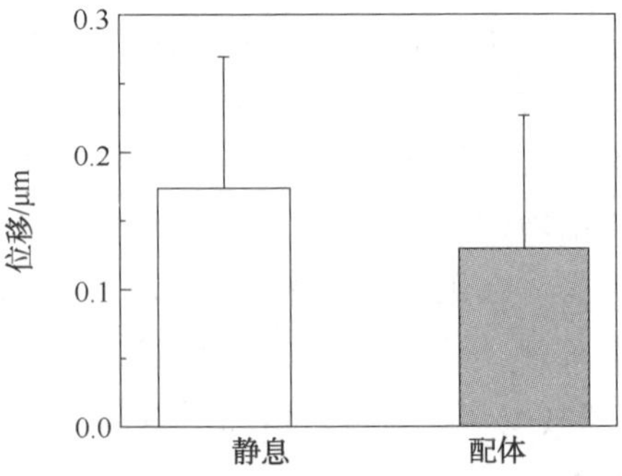

(f)静息状态和配体刺激后的运动距离对比

图 2-14　单颗粒追踪研究在活细胞膜上的 CXCR4

2.5 本章小结

在本章中，针对目前荧光标记物因存在漂白和闪烁，难以实现受体蛋白长时间跟踪的问题，成功开发了一种非闪烁的 CDs，利用 TEM、AFM、FTIR、Roman、XPS 等表征了其形貌、尺寸及表面基团等性质；采用 UV、荧光光谱、单颗粒荧光成像等探究了该 CDs 光学性质，证实了其独特的单颗粒不闪烁特性与极好的光稳定性；借助细胞毒性实验，表明其极低的毒性与良好的生物相容性，并显示出其在细胞成像方面的应用潜力。在诸多优点的基础上，将该非闪烁 CDs 与抗体结合，特异性标记了细胞膜上的 CXCR4 蛋白，实现了细胞膜上 CXCR4 运动的实时、长时间示踪，同时初步探究了配体诱导受体激活过程中 CXCR4 扩散动力学变化。结果表明，在配体刺激后，受体蛋白运动降低，初步推断是配体诱导 CXCR4 聚集所致。

3 基于深度学习的 CXCR4 动态过程单颗粒示踪研究

3.1 前言

膜蛋白占据了人类基因组中所编码蛋白的三分之一。多数以聚集体或复合物的形式存在，并介导各种细胞功能，比如信号传导、免疫反应等。例如，最大的膜蛋白家族 G 蛋白偶联受体占据了目前市场上所有治疗药物靶向的 50%。最近的研究表明，GPCRs 信号传导与受体蛋白复合物的形成有关(如二聚体或寡聚体)。该复合物的形成被广泛当作将胞外信号传递至胞内，然后调控下游信号通路的第一个步骤。然而，到目前为止，由于在实时跟踪这一信号传递过程中存在的缺陷与局限性，导致早期信号传递阶段受体蛋白的聚集形式及组织形式仍然存在很大的争议。

单分子荧光成像(Single Molecule Fluorescence，SMF)因其可以提供分子定位、扩散模式和组成结构等多种信息，被公认为研究活细胞膜上受体蛋白功能最适合的方法之一。例如，Yasushi Sako 等首次使用 SMF 成像方法研究了表皮生长因子受体(EGFR)的二聚化并阐明了其与信号转导之间的关系。Hern 等通过分析乙酰胆碱受体(muscarinic acetylcholine receptor，M1 受体)在细胞膜上的扩散模式，证实了 M1 受体单体和二聚体之间的动态相互转化。此后，大量的受体蛋白，如 β_2-肾上腺素受体(β_2-adrenergic receptor，β_2AR)，N-甲酰基肽受体(N-Formyl Peptide Receptor，FPR)，阿片受体(μ-opioid receptor)，γ-氨基丁酸受体(γ-aminobutyric acid receptor，GABAB)等同样被科研工作者采用 SMF 成像技术研究并阐明了这些受体二聚在调控信号转导功能中的作用。采用 SMF 研究方法的前提必要条件是对目标受体蛋白进行荧光标记，然后用全内反射荧光显微镜进行成像。常用的荧光探针，包括荧光染料、荧光蛋白及荧光纳米颗粒(如量子点、碳基纳米材料等)。一般来说，这些荧光探针各有优缺点。比如，荧光蛋白和荧光染料因其会被快速漂白并且存在闪烁的特点，而在长时间跟踪方面的应用很局限，但是这些特点却很利于将其应用在漂白阶数计数法研究受体蛋白聚集。相反，荧光量子点由于其亮度高且光稳定性极强的独特优势，在过去几十年中，常被用于 SMF 成像，实现了对受体蛋白长时间实时跟踪并得到小于 10nm 的定位精度。但是，目前仍然很难从重叠的荧光信号分子中区分出单个分子，尤其是这些荧光信号普遍存在于动态、拥挤的细胞膜环境中。通常情况下，多个 QDs 的荧光重叠可以产生比单个粒子更亮的光斑，并使光斑的形状发生变形。这种异常的变化，可能提供了通过量子点光斑识别单个分子或复合物的可能性。然而，需要在成百上千的量子点中实时跟踪动态的目标分子并通过使用单个参数，即 QDs 的亮度或畸形的光斑识别单个分子与复合物是很容易出错的，而且是一件非常耗时、耗力的工作。因此，如何快速、准确地识别单个受体分子与复合物，并实时跟踪受体蛋白的动态过程仍然是一个巨大挑战。

深度学习类属于机器学习，是计算机从经验中学习，然后通过概念层次理解事物。通过使用人工神经网络，进行数据深度挖掘，目前已被应用于图像和语音识别、材料设计和药物研发等各个领域的分类，成为做决定的预测工具。近年来，深度学习辅助的荧光成像方法逐渐发展起来，如基于深度学习辅助的单分子荧光共振能量转移数据分析和超分辨荧光成像的超分辨率图像重构。这些新型方法的出现不仅改善了技术的准确率、客观性，而且更加省时、省力。例如，Xu 等报道了一种基于深度学习的荧光漂白阶数计数法，该方法相较于传统单分子荧光漂白阶数法准确率高、效率高，可实现对细胞膜上 EGFR 聚集状态的自动分析，且所得到的结果与传统技术获得的结果一致。受这些开创性工作的启发，本章将设计了一种深度学习卷积神经网络(Deep Learning Convolutional Neural Network，DLCNN)模型以辅助单颗粒荧光示踪技术，可以快速、准确地区分受体蛋白的单体和复合物，同时可以实现实时跟踪受体蛋白的分布和相互作用。

3.2 实验材料与仪器

3.2.1 实验材料(表3-1)

表3-1 主要实验药品

名称	规格型号	生产厂家
IgG-labeled QDs	100μL	Thermo Fisher 公司
氯丙嗪	100g	Sigma 公司
其他药品	—	同表2-1

3.2.2 实验仪器(表3-2)

表3-2 主要实验仪器

名称	规格型号	生产厂家
全内反射荧光显微镜		日本尼康公司
原子力显微镜-全内反射荧光显微镜联用仪器	自己搭建	清华大学医学院
其他仪器	—	同表2-2

3.3 实验方法

3.3.1 CXCR4免疫标记及全内反射荧光成像

细胞膜上CXCR4蛋白的量子点免疫标记：①在八孔池的八个孔中，铺Hela细胞，培养24h；②以Lipofectamine 2000为转染试剂，将CXCR4-EGFP质粒转入Hela细胞，培养6h后换掉培养基，然后孵育表达不同时间(4h，12h，24h，48h)；③在每个孔，以含20% FBS的DMEM为封闭液，37℃封闭10min；④在每个孔，加入浓度0.5%的CXCR4一抗120μL，37℃哺育1h；

⑤以含 1% FBS 的 DMEM 清洗细胞三遍；⑥在每孔加入 120μL 商品量子点二抗(稀释 500 倍)，室温下哺育 0.5h；⑦以含 1% FBS 的 DMEM 清洗三遍；⑧样品制备完成。

细胞膜上 CXCR4 蛋白的全内反射荧光显微镜成像：①打开激光控制器、Nikon A1 共聚焦显微镜及 Nis-element 软件，选择 100 倍油镜(1.5×)，滴加浸没油；②安装适当滤光片，EGFP 单通道：激发为 488nm 激光、二色镜为 505nm、发射滤光片为 520nm 长通，QDs 单通道：激发为 488nm 激光、二色镜为 505nm、发射滤光片为 590nm 长通；EGFP 与 QDs 双通道：激发为 488nm 激光、二色镜为 505nm、短波长发射滤光片为 520nm 带通、长波长发射为 590nm 长通；③设置激光强度，以 80% 激光强度激发，曝光时间为 50ms，调整焦距，角度(约 4600)找到细胞膜视野；④打开 PFS，微调焦距，拍摄视频。

3.3.2 深度学习模型数据集构建

利用商品化的量子点二抗对细胞膜上转染表达的 CXCR4 蛋白进行免疫标记。由于量子点的高亮度和光稳定性等特点，可以通过拟合光斑的点扩散函数与二维高斯函数准确地定位量子点产生的光斑。由于受体蛋白之间的相互作用，多个量子点会被集成到一个衍射斑中，从而产生一个过亮或形状畸形的光斑。显然，这些特征可以通过设计、训练的深度学习模型来自动区分受体单体和复合物。

采用 TIRF 荧光显微镜对细胞膜上标记的 CXCR4-QDs 进行成像并采集视频序列。然后利用 image J 图像处理软件的 thunder STROM 插件，获得图像序列中所有光斑的定位，拟合优度(χ^2)信息等。利用编写的小程序，根据拟合χ^2值并结合人工对单与非单的量子点光斑进行打标签，制备用于模型训练的单与非单的数据集。单与非单数据集的图片总量是 70000 张，其中两者各占 50%的比例。将数据集分为三部分，其中 80%的数据用于模型训练，10%用于模型验证，最后的 10%用于模型测试。

3.3.3 深度学习模型训练

深度学习模型是利用 Tensor Flow 2.0 和 Python 3.7 搭建、训练并优化的神经网络。模型的训练是在 4352 CUDA 核和 11 GB RAM 的 GeForce 2080Ti GPU 训练的(表 3-3)。

表 3-3　模型参数

类型	卷积核大小/步长	输入大小
输入层	9pixel×9pixel 光斑图像	
卷积	2×2	8×8
池化	2×2	4×4
卷积	2×2	3×3
展开层	把多维的输入一维化	
全连接层	激活函数 ReLU[公式(3-1)]	
全连接层	分类的 Softmax 函数[公式(3-2)]	
输出层	单与非单	

ReLU(Rectify Linear Unit)函数常被用于层与层之间的激活函数：

$$\mathrm{ReLU} = \max(0,\ W^{\mathrm{T}}x + b) \tag{3-1}$$

式中，W 是权重；x 是输入；b 是偏差。

Softmax 函数(公式 3-2)是常用的神经网络的分类器，往往放置在最后一层，可以对预测的输出进行归一化，以获得相应类别上的概率分布：

$$\mathrm{Softmax}_k = \frac{\mathrm{e}^{W{T_k}x}}{\sum_{j=1}^{n}\mathrm{e}^{W{T_J}x}} \tag{3-2}$$

式中，n 是输出中的单位数；W_k是第 k 个单位的权重；x 是输入。

受深度神经网络在生物学领域应用的启发，建立了一种深度学习辅助的单分子荧光成像的卷积神经网络模型。此模型由卷积层、最大池化层、全连接层构成，并可以实现细胞膜上受体蛋白的聚集的研究。具体模型组成与参数如表 3-3 所示。通常情况下，卷积层由输入、特征图和内核函数组成。通过以一定步长移动卷积核获得特征图。相较于全连接神经网络，CNN 具备了权重共享和稀疏连接的特性。其中，权重共享可提高学习效率并获得更好的概括性，稀疏连接性使神经网络能对本地输入模式产生最强的响应。

3.3.4　其他机器学习模型

全连接神经网络(Full Connected Neural Network，FCNN)，是神经网络中最简单的一种。每一级都是前一级的输出，通过计算后，输出给下一级。经过运算，归一化之后，将输出值控制在 0~1，有效避免某个输入无穷大而引起输入无效。

K-近邻算法(K-Nearest Neighbors，KNN)，是基于测量各种不同特征值间的距离方式进行分类，主要应用于各种分类问题。KNN 将新数据的每个特征与样本集中数据相对应的特征进行对比。然后，通过算法提取样本集中特征最近邻(最相似)的数据分类标签。在本实验中，采用了欧式距离，近邻数取值为 5。

逻辑回归模型(Logistic Regression，LR)，是两分类应用的首选方法。能输出一个 0~1 的离散二值结果。换句话说，得到的结果不是 0，就是 1。为实现 LR 模型，使用了 Sklearn 包中的 Logistic 回归模块。选择 L-BFGS 算法学习模型的权值。正则化惩罚为 l2，正则化参数 C 为 1.00。求解收敛的最大迭代次数设置为 1000。

支持向量机(Support Vector Machine，SVM)模型，具体来说，就是将实例映射成空间中的点，这样会使得单独类别的实例能够被尽可能显现的间隔分开。同时将新的实例映射到同一空间，并根据落在间隔的一侧预测其类别。SVM 除了可以线性分类之外，还可以利用核技巧(Kernel)有效实现非线性分类。即将其输入隐式映射到高维特征空间中。为此，在实验中，选择了多核函数。相比较而言，SVM 应用更广泛，其对监督式学习、回归任务的分类都能实现；对非监督式的学习，可以使用 SVM 改进的支持向量聚类算法，找出数据到簇的自然聚类，实现有效分类。

3.3.5 配体刺激

实验前 24h，将 Hela 细胞铺在八孔池中(DMEM 培养基，含 10% FBS 与 100μg · mL^{-1}链霉素和青霉素)，放置在 37℃并通有 5% CO_2的细胞培养箱中。根据 Lipofectamine 2000 转染试剂说明书，将 CXCR4-EGFP 的质粒转染至细胞中，并通过控制转染后的表达时间控制蛋白的表达水平。然后用(含 1% FBS)的 DMEM 清洗细胞，用含(20% FBS)的 DMEM 封闭细胞 0.5h。接着，加入 120μL(浓度 2.5μg · mL^{-1})的 CXCR4 一抗，37℃孵育 1h。吸弃一抗，并清洗细胞三次后，加入 120μL 量子点二抗，室温孵育 0.5h。利用无菌的 PBS 溶液清洗细胞三遍。在药物刺激实验时，向细胞中加入 120μL SDF-1α(浓度 100nM，1nM = 10^{-9}mol)或氯丙嗪(浓度 2.5μM)，孵育 20min。然后吸弃药物孵育液并加入无 FBS、无酚红培养基，进行成像。

3.3.6 受体成像与示踪

单分子荧光成像是使用尼康公司的物镜型全内反射荧光显微镜成像的。其中物镜是100×油镜，NA是1.49，图像收集是采用型号DU897的Andor电子倍增电荷耦合装置EMCCD（Electron Multiplier Charge Coupling Device）。量子点是用488nm（Cobolt MLD）激发，发射滤光片是590nm长通（Semrock）。共聚焦荧光图像是利用尼康A1共聚焦激光扫描系统拍摄（100×油镜，NA = 1.49，488nm激光激发）。

对于深度学习辅助受体跟踪，图像序列是利用TIRFM在50ms曝光时间下采集的。荧光图像中的光斑定位是通过一个开源的ImageJ软件中的thunder STROM插件，获取包括点坐标、强度和拟合优度（χ^2）等信息。根据输出坐标列表，将图像裁剪成9pixel×9pixel的光斑图像，并导入深度学习模型来识别是单个分子还是分子复合物。对于细胞膜上受体蛋白的扩散轨迹，可以通过每帧的定位坐标进行重构，根据均方位移计算公式可计算出其均方位移［公式（3-3）］，并根据均方位移与时间之间的关系式计算得到受体蛋白的扩散系数［公式（3-4）］。

$$MSD(t) = MSD(n \cdot fr_{\text{time}}) = \frac{1}{N}\sum_{i=1}^{N}[(x_{i+n} - x_i)^2 + (y_{i+n} - y_i)^2] \quad (3-3)$$

式中，N是分析的步数；n是可用帧的1到1/10范围内的帧步长；f_{time}是两个连续帧之间的时间；x和y描述的是所在帧的粒子的定位（横坐标和纵坐标）。

受体蛋白的扩散系数是按照以下公式拟合得到的：

$$MSD = 4Dt \quad (3-4)$$

经计算、统计，盖玻片上QDs的扩散系数是$(4.16\pm2.4\times10^{-4})\ \mu m^2 \cdot s^{-1}$（$n$ = 102），这一结果与文献报道相近。如果受体蛋白的扩散系数大于玻片上的，那么这个受体蛋白是运动的。如果小于玻片上的，则为静止不动的。在静止状态下，受体蛋白的扩散系数局限在一个很小的区域内，并且MSD-τ曲线呈典型的水平直线。相反，在运动的状态下，受体蛋白的扩散系数较大，进而扩散的区域较静止状态的受体蛋白大。

3.4 结果与讨论

3.4.1 深度学习模型构架

根据抗原抗体免疫荧光标记的原理，对活的Hela细胞膜上的CXCR4蛋白进行了标记。图3-1展示了使用商品QDs二抗对细胞膜上CXCR4免疫标记的示意图。由于量子点亮度高和光稳定强，量子点的光斑可以通过二维高斯函数的点扩散函数精确定位出来。由于受体蛋白之间的相互作用，多个量子点被集合到一个衍射光斑中，从而形成一个过亮或畸形的光斑。为此，可以通过设计和训练一个深度学习模型提取这些特征，实现受体单体和复合物的自动区分。

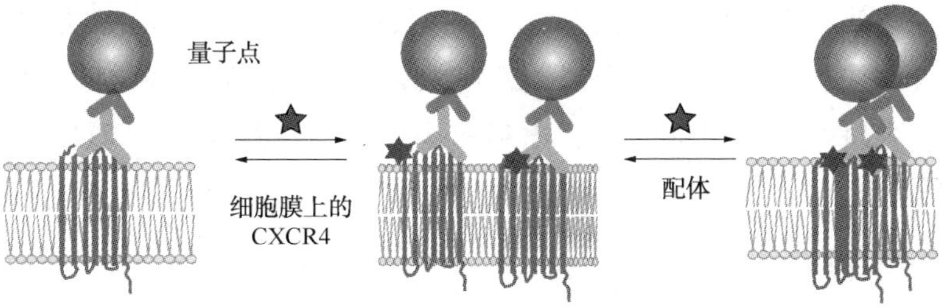

图 3-1　量子点标记活细胞膜上 CXCR4 受蛋白的示意图

为了实现对受体蛋白单体与复合物的区分，结合卷积层、最大池化层和全连接层构建了一个深度学习神经网络模型，结构如图 3-2 所示。该模型的输入是一个 9pixel×9pixel 的光斑图像。首先，将输入层(或上一层的输出层)进行卷积，利用 2×2 的卷积核对整个输入图片进行扫描，提取其边、角、线等特征图，使用最大池化层查找最大特征图。其次，用一个展开层将二维的特征图矩阵转换成一维的向量。最后，展开的一维向量会被输入两个全连接层(128 个、64 个节点)，并得到输出(第 0 类和第 1 类)，当这个输出值是 0 时，表明所分析的光斑是单个的光斑，当这个输出值是 1 时，表明是复合物的光斑。

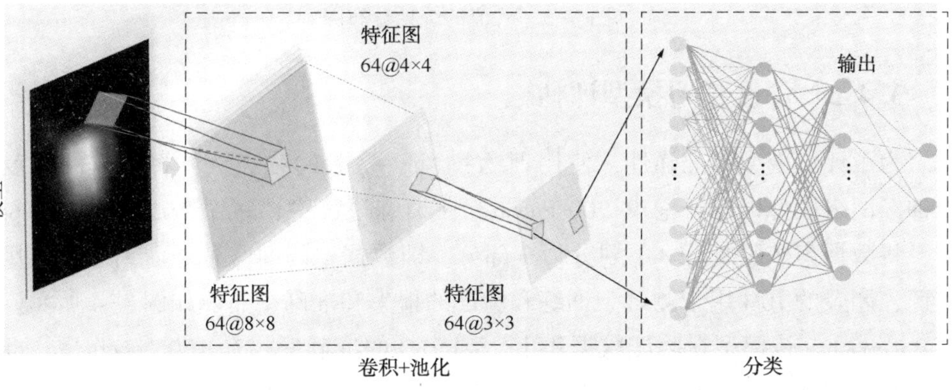

图 3-2　单分子识别的神经网络模型构架

为了训练和优化这个模型，输入的数据集都是已知类别并打了标签的。具体来说，通过将 QDs 稀疏地分散在盖玻片上（每 100μm^{2}约 10 个粒子），对 QDs 进行单粒子成像以制备出具有单个 QD 已知特征的数据集。为了得到非单的（≥2 个粒子）数据集，提高量子点的密度（每 100μm^{2}约 50 个粒子），对盖玻片上 QDs 密集的区域进行成像。然后将两种条件下得到的光斑分别采用高斯函数拟合进行定位，并统计其χ^2拟合优度，得到其分布图。如图 3-3 所示，在已知单个 QDs 光斑的χ^2统计图中，仅出现了一个峰［图 3-3（a）］。而因为大量非单 QDs 的存在，非单量子点光斑的χ^2的统计图中，出现多个峰［图 3-3（b）］。因此，将$\chi^2>2200$的光斑定义为非单的量子点，即受体的复合物。将$\chi^2<2200$的光斑当作单个的量子点，即受体单体。

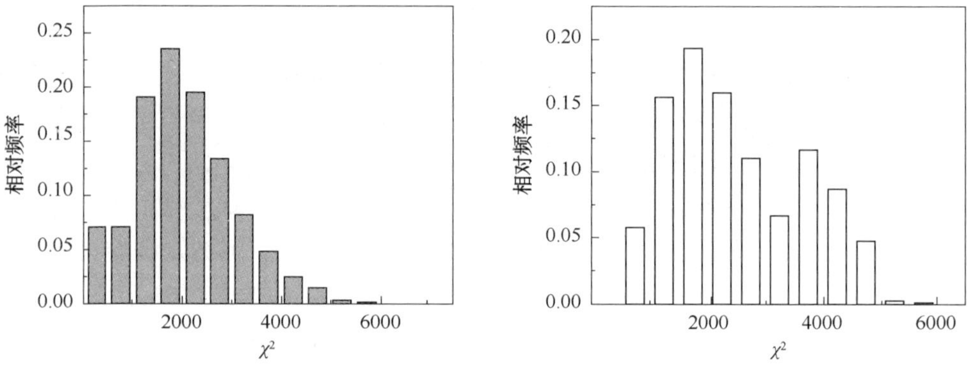

(a) 单个量子点　　(b) 混合量子点(既有单个也有非单)

图 3-3　χ^2 值的统计分布图

3.4.2　深度学习模型评估

为了评估模型的准确性，使用训练-验证-检验的分裂法，将搭建的深度卷积神经网络模型训练了总共 200 epoch。在训练过程中，每个 minibatch 或 epoch 中，将数据集按照 8∶1∶1 划分为三部分。即数据中的 80%用于训练，10%用于验证，剩余的 10%用于测试。训练和验证的损失和准确率曲线如图 3-4 所示。在前 33 epoch，该模型在验证数据集上达到 91%的准确率。在 100 epoch 后，准确率在 98%以上。在每个 epoch 中，验证集的准确率均高于训练集的，表明该模型并未过拟合训练数据集。

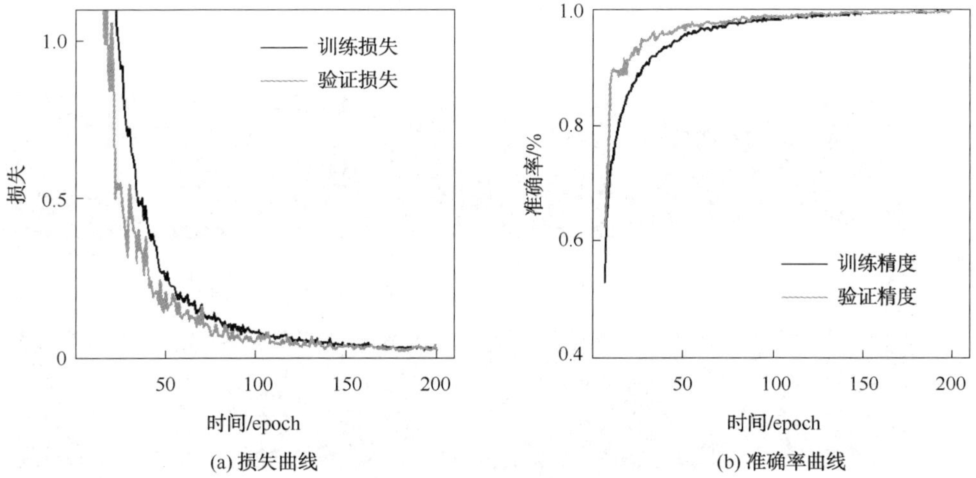

图 3-4　模型的训练与验证的损失曲线和准确率曲线

为了进一步考察所搭建深度学习卷积神经网络的鲁棒性，借助五折交叉验证方法进行了评估。如图 3-5 所示，每个模型的准确率都高于 98%，且平均值高达 98. 3±0. 1，表明所搭建模型的高准确率和稳定性。

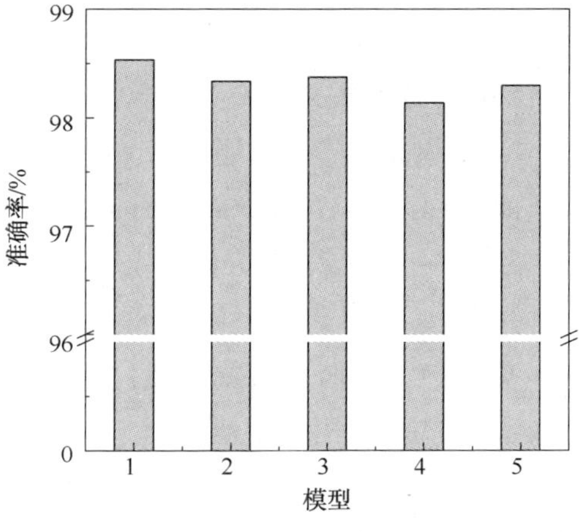

图 3-5　五折交叉验证方法比较 DLCNN 模型的识别准确率

模型的迁移能力评估也是模型的重要特征之一。为了考察模型的迁移能力，重新制备了一些新的量子点样本并采集到了大约 500 个崭新的量子点光斑数据集。经过模型的识别并与实际标签进行比较，发现该模型识别新数据中非单光斑的准确率也在98%以上(图3-6)，这意味着这个模型的迁移能力是极强的。

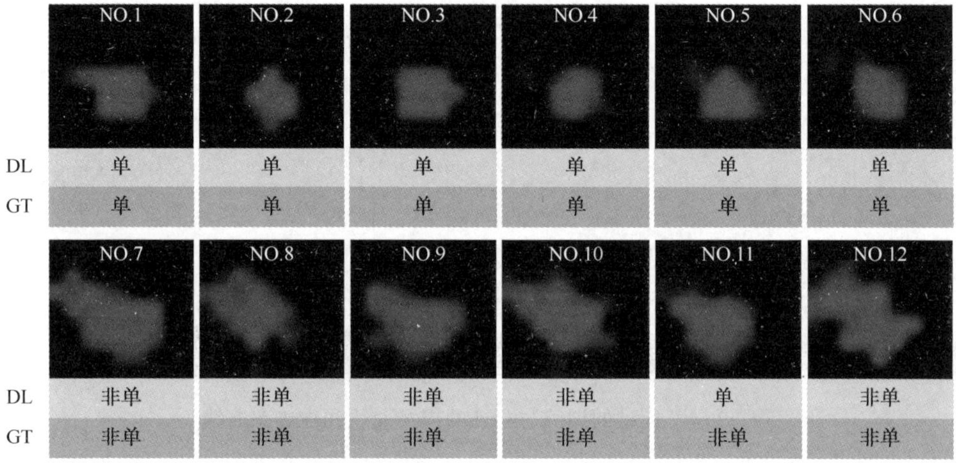

图3-6　新数据中随机12个光斑的DLCNN模型识别结果与实际结果的对比

3.4.3　与其他深度学习模型对比

为了证实所搭建深度学习卷积神经网络模型的优越性，除了以上描述的对模型准确率、鲁棒性、泛化能力评估，还将其与常见的深度学习模型进行了对比，比如，简单的多层感知器网络FCNN，还有KNN、LR和SVM。通过对这些model的受试者工作特征曲线(Receiver Operating Characteristic Curves，ROCC)和混淆矩阵的分析(图3-7和图3-8)，表明DLCNN识别单体与复合物的准确率是最高的。

混淆矩阵(Confusion Matrix)，别名为误差矩阵，是表示精确度评价的一种经典格式。以n行n列的矩阵形式展示出来，通常用于反映、描述分类模型在一组测试数据上的工作性能。在AI中，混淆矩阵是一种可视化工具，尤其是在监督学习中使用广泛。如图3-8所示，DLCNN模型在分类单体和复合体上表现非常好，单体准确率为99.35%，复合体准确率为98.84%，表明模型具有良好的稳定性。基于混淆矩阵的分类，准确率(Accuracy，ACC)、真正率(True Positive Rate，TPR)及假正率(False Positive Rate，FPR)也是分类常用的分析指标，用以评价本研究中模型的性能好坏。其计算公式如下：

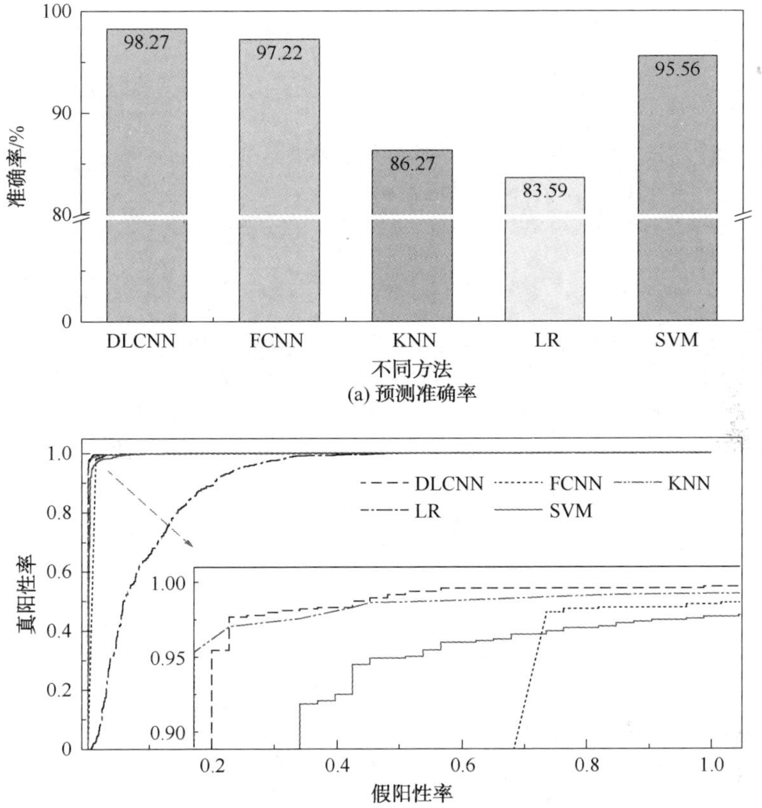

(a) 预测准确率

(b) 受试者工作特征

图 3-7　不同模型曲线的比较

右下角插图是箭头所指区域的放大图

$$ACC = \frac{TP + TN}{TP + TN + FP + FN}$$

$$TPR = \frac{TP}{TP + FN}$$

$$FPR = \frac{FP}{TN + FP}$$

式中，*TP*、*TN*、*FP*、*FN* 分别表示真阳性、真阴性、假阳性、假阴性。

在二值分类中，样本常被标记为阳性、阴性。即若实际值和预测值都为正，则为 *TP*；若实际值为负，预测值也为负，则为 *TN*；实际值为负，预测值为正，则是 *FP*；实际值为正，预测值为负，则为 *FN*。经过计算，得 DLCNN 的准确率为 98.3%，*TPR* 和 *FPR* 列于表 3-4。将这几种模型进行对比，DLCNN 表现出极高的 *ACC* 准确率，且 *TPR* 高，*FPR* 低，是最佳的选择。

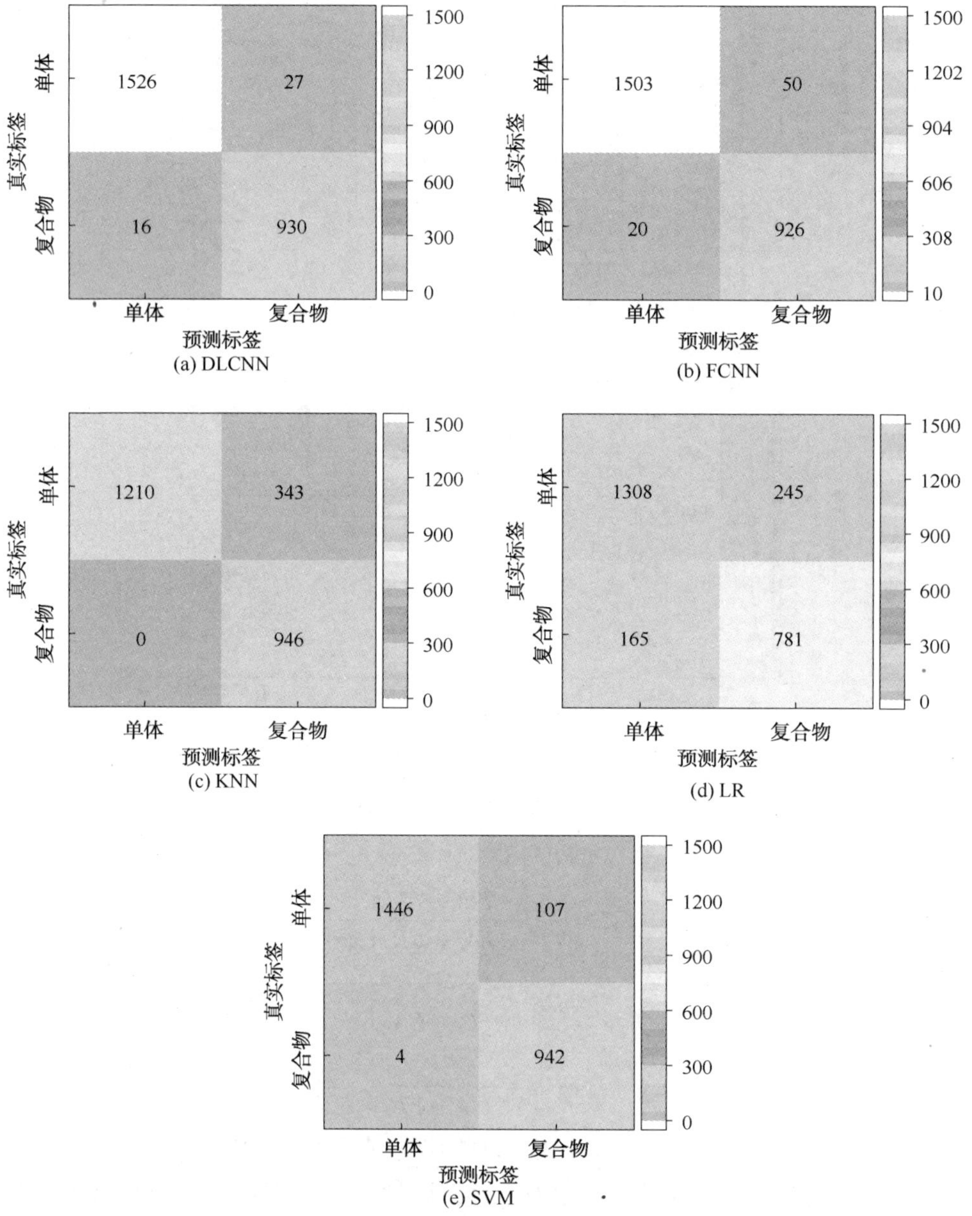

图 3-8　不同模型的混淆矩阵结果

表 3-4 不同方法的真阳率和假阳率 %

Model	*TP*	*TN*	*FP*	*FN*	*TPR*	*FPR*
DLCNN	1526	930	16	27	98. 3	0. 017
FCNN	1503	926	20	50	96. 7	0. 021
KNN	1210	946	0	343	77. 9	0
LR	1308	781	165	245	84. 2	0. 174
SVM	1446	942	4	107	93. 1	0. 004

3.4.4 深度学习模型验证

为了验证 DLCNN 的预测结果与实际结果的一致性，利用原子力显微镜与全内反射荧光显微镜联用技术(Atomic Force Microscopy & Total Internal Reflection Fluorescence Microscopy，AFM & TIRF)对此进行了验证。首先将 QDs 稀释至 1/200，然后滴加在 24mm×50mm 盖玻片上，停留 2. 5min，再用移液枪吸取 100μL 水，冲洗三次后，成像得到图 3-9 中的密度的图，既能看到单个的 QDs，也能看到非单的、聚集在一起的量子点。

按照优化的密度和条件(532nm 激发，570nm 二色镜，590nm 长通发射滤光片，曝光时间 50ms，读取模式 EM gain 1MHz at 16-bit，EM gain multiplier 300)进行 AFM-TIRF 实验。对比AFM-TIRF 结果(图 3-10)与 DLCNN 预测结果，表明两种方法所得结果完全一致。因背景杂质的影响，有可能导致 TIRF 通道下检测到微弱的极小光斑信号，而 AFM 通道没有颗粒(如图中 NO. 5)，但这种情况很少，几乎不会影响实验结果。

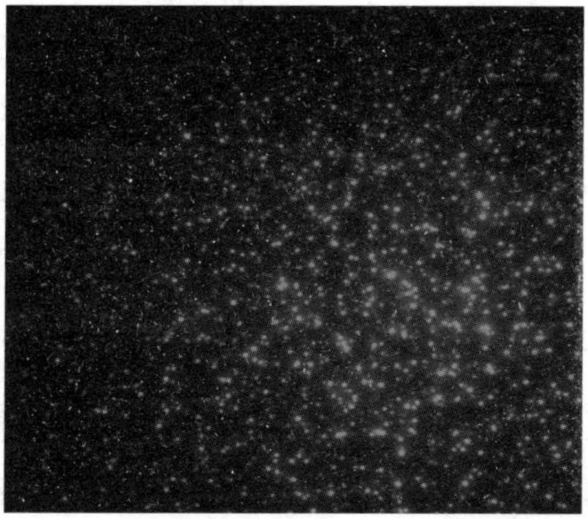

图 3-9 量子点的全内反射荧光成像图

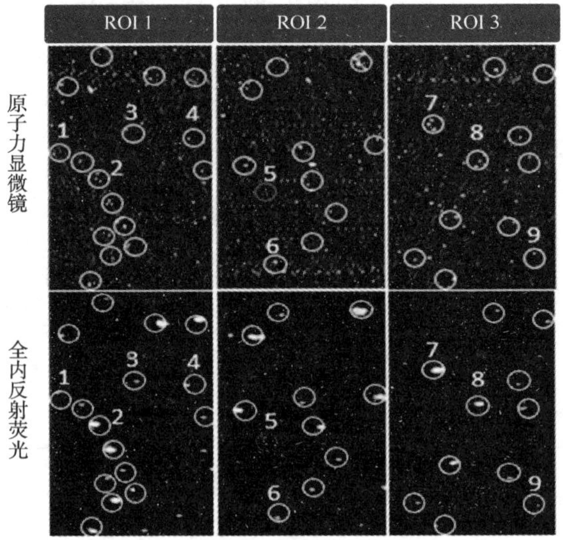

(a) 量子点的AFM-TIRF成像的三个区域(从左到右)

	NO.1	NO.2	NO.3	NO.4
联用	单	非单	单	单
深度学习卷积神经网络	单	非单	单	单
	NO.5	NO.6	NO.7	NO.8
联用	—	单	非单	单
深度学习卷积神经网络	单	非单	单	单

(b) AFM-TIRF和DLCNN分别预测分析9个随机光斑单与非单结果比较

图 3-10　AFM-TIRF 实验结果对比

3.4.5　深度学习模型可视化

众所周知，深度学习模型是“黑盒子”，即模型学到的特征表示很难用人类可以理解的方式提取和呈现。虽然对于某些类型的深度学习模型来说，这种说法部分正确，但对 CNN 来说却不是这样。很多时候，因为 CNN 是视觉概念的表示，所以学到的特征表示能够实现可视化。近年来，开发了多种技术对这些表示进行可视化和解释。例如，最常用的可视化 CNN 的中间激活，不仅可以帮助人们理解 CNN 连续的层怎么对输入进行变换，也有利于人们初步了解 CNN 每个过滤器的含义。

可视化中间激活，是指对于给定输入，展示出网络中各层(如卷积层、池化层)

输出的特征图。在这里，层的输出一般称为该层的激活，也就是激活函数的输出。可看到输入怎么被分解为网络学到的不同过滤器，进而从各个维度对特征图可视化。每个通道都与相对独立的特征对应，将所有通道的结果分别绘制成二维图像并展示。在此，对单个量子点光斑和多个量子点光斑的卷积神经网络逐层分别进行了可视化，如图 3-11 和图 3-12 所示。以 9pixel×9pixel 的光斑图片为输入，从上往下，首先逐层提取特征图，可以看到整个特征提取的过程。然后输出所有卷积层和池化层的激活。按照输出的特征图来看，每层有的分离背景，有的提取轮廓，有的提取亮度。

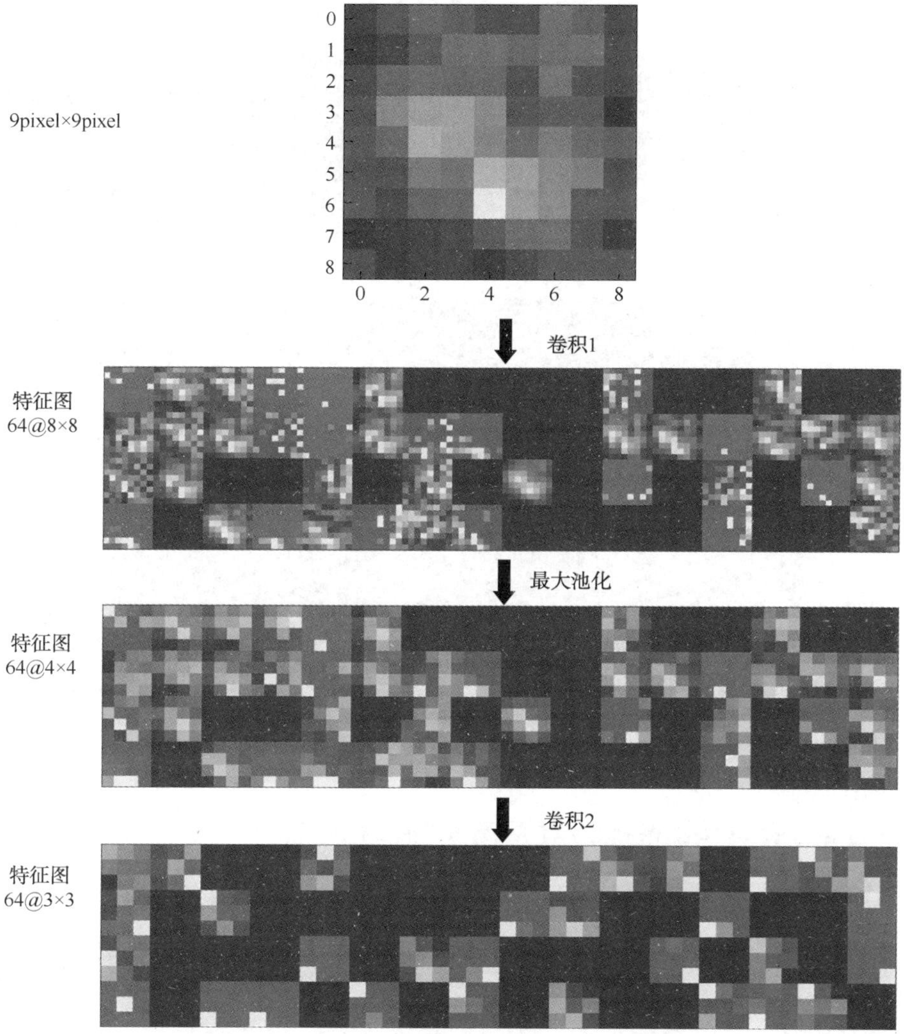

图 3-11 单个量子点的 DLCNN 可视化结果

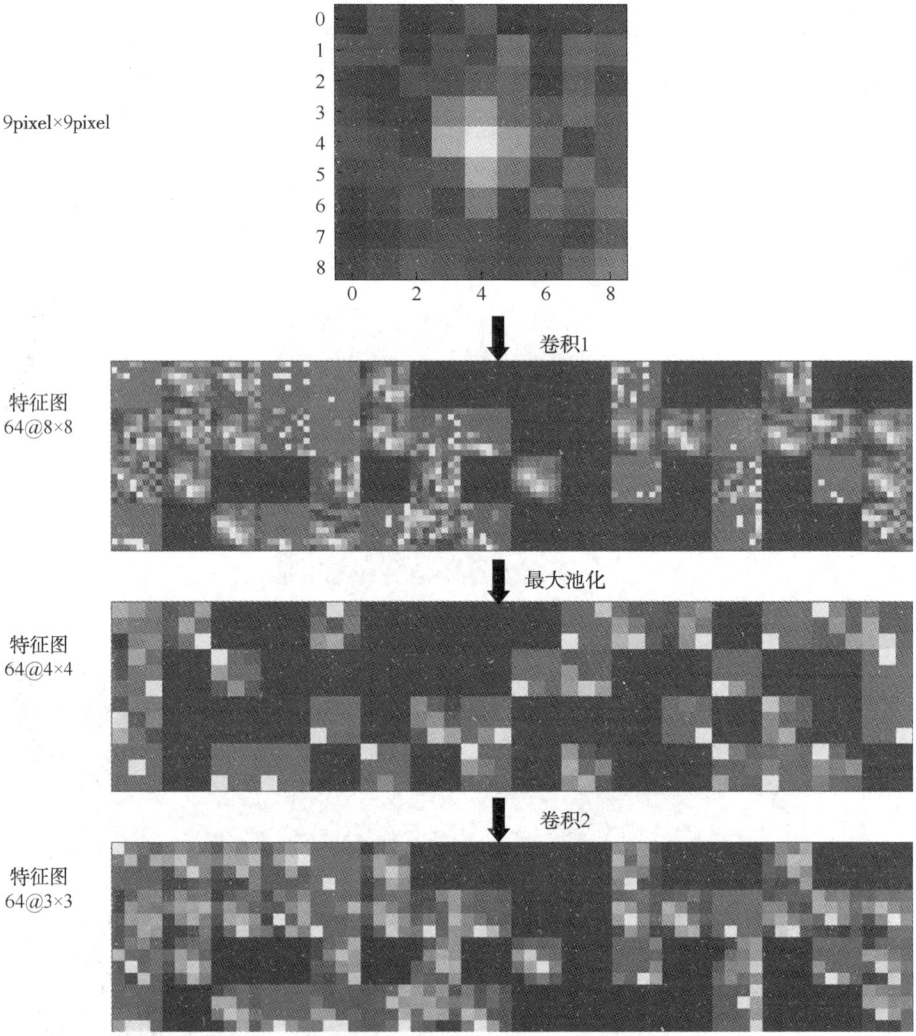

图 3-12　多个量子点的 DLCNN 可视化结果

3.4.6　CXCR4 单体与复合物的判定及统计

为了证实该模型的应用潜力，并证明它可以提供受体蛋白至关重要的信息，使用所设计的这种深度学习模型(DLCNN)辅助单分子荧光成像方法追踪活细胞膜上趋化因子受体 CXCR4 的动态变化。CXCR4 是 GPCRs 的重要成员，在肿瘤的生长、侵袭和转移中都扮演着重要角色。部分文献报道，CXCR4 在细胞膜上会经历一系列动态过程，进而进行信号转导，例如受体的扩散、二聚或低聚和内化。然而，迄今为止，配体对于受体二聚或者寡聚的调控，仍然存在争议，受体在细胞膜上复杂的信号传递过程仍然有待研究。存在当前争议可能的原因之一是现有 SMF 成像方法在很大程度上取决于用来统计、分析的人工单分子识别技术，在大量数据统计时，很容易造成识别错误。因此，使用这种 DL 辅助方法可快速且准确地识别和跟踪细胞膜上的单个受体分子。为了确保 CXCR4 是表达在细胞膜上，将融合的 CXCR4-EGFP 质粒转染到 Hela 细胞中并将其孵育表达不同的时间，结果如共聚焦荧光显微镜图所示(图 3-13)。CXCR4 蛋白多数表达在细胞膜的位置。

利用 TIRFM 对活细胞成像，并采集膜上 QDs 特异性标记的 CXCR4 蛋白，如图 3-14 所示。基于 QDs 的亮度高、稳定强、耐漂白等特性，获得了信噪比非常高的 QDs-CXCR4 蛋白的视野图像。

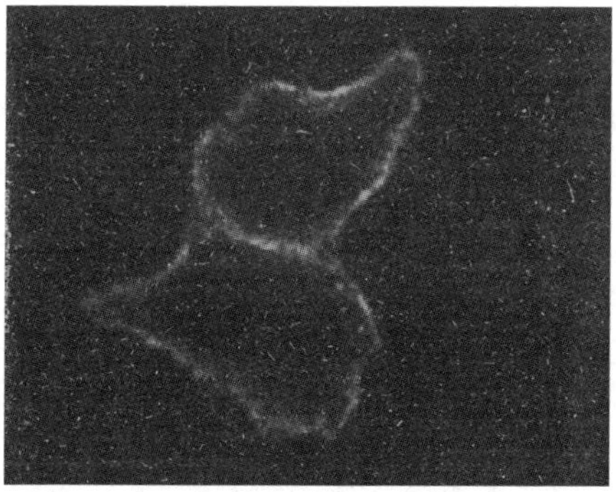

图 3-13　表达了 CXCR4-EGFP 的 Hela 细胞共聚焦图(CXCR4-EGFP 大多数表达在细胞膜上，EGFP 是由 488nm 激光激发)

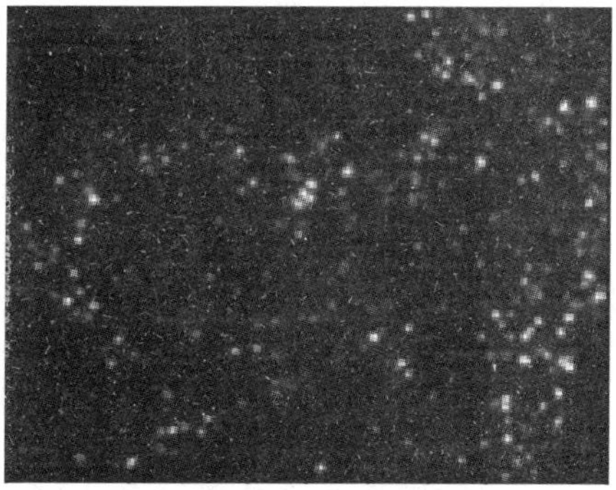

图 3-14　细胞膜上 QDs 标记的 CXCR4 蛋白的单分子荧光成像图片

为确认 CXCR4 是否被特异性标记，对比特异性、非特异性吸附的结果，如图 3-14 与图 3-15 所示。在一抗存在的情况下，可以看到细胞膜上分布了大量 QDs(图 3-14)。在没有一抗的情况下，转染表达了 CXCR4-EGFP 的 Hela 细胞其 EGFP 通道，可以看到整个细胞膜都被完全点亮[图 3-15(a)]了。然而，在 QDs 通道，因为 FBS 封闭及染色后的多次清洗，几乎没有非特异性吸附在细胞膜上的 QDs[图 3-15(b)]。由此，直观地表明了量子点对 CXCR4 的特异性标记。

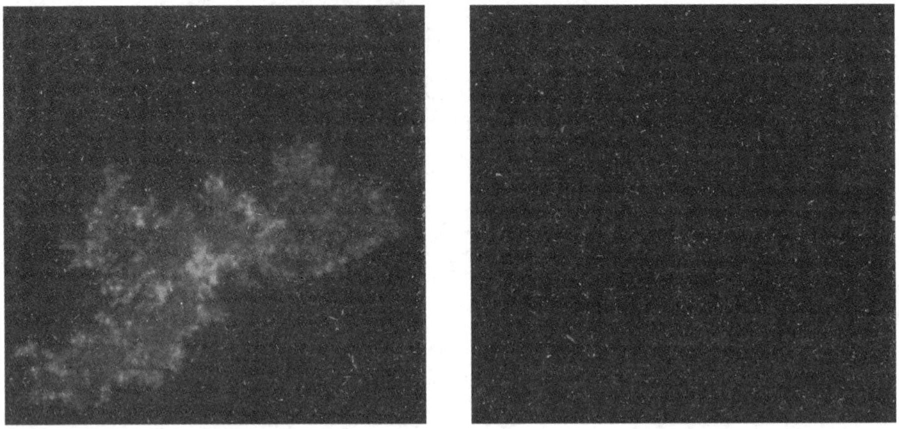

图 3-15 转染表达了 CXCR4-EGFP 的 Hela 细胞在不加一抗条件下，量子点标记 CXCR4 蛋白的单分子荧光成像图片

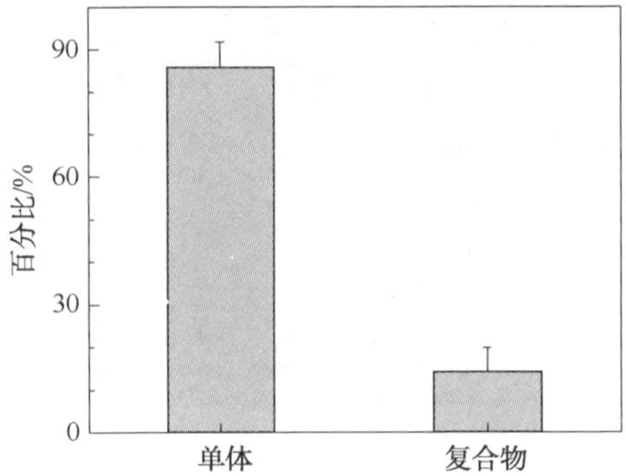

图 3-16 静息状态下，细胞膜上 CXCR4 蛋白的单体与复合物的分布情况统计

在特异性免疫标记的基础上，利用搭建的 DLCNN 模型对细胞膜上的受体蛋白单体及其复合物的分布进行了研究。在表达 12h 的条件下，统计了活的 Hela 细胞膜上的 CXCR4 单体与复合物的比例，如图 3-16 所示。单体的百分比占 85.9%，非单体复合物的百分比是 14.1%，此结果表明，在静息状态下，细胞膜上的 CXCR4 大多数是以单体的形式存在的。该结果与本课题组及其他研究者报道的结果均一致。

3.4.7 配体调控受体聚集动态过程

在 QDs 特异性标记 CXCR4 蛋白的前提下，利用深度学习辅助单分子荧光成像快速且准确识别受体蛋白方法对细胞膜上受体蛋白的动态平衡及其与下游信号传导之间的关系进行研究。首先，从 TIRFM 采集到细胞膜上 QDs 标记的 CXCR4 蛋白运动的视频中可以观察到这些 CXCR4-QDs 有的处于静止不动的状态，有的处于运动状态。事实上，肉眼很难从这些光斑中判断出哪些是受体单体或复合物。借助训练成功的深度学习模型，可以在整个图像和时间序列图像中快速准确地识别单个 QDs，从而可以同时跟踪大量的单个分子。图 3-17(a)~(b)和(c)~(d)显示了细胞膜上单个 CXCR4 分子的两个典型轨迹，即处于静止不动状态和运动状态的。在静止不动的情况下，受体蛋白的位移局限在较小的区域，并且均方位移 MSD-τ 曲线呈现出一条典型的水平横线，运动的受体蛋白的 MSD-τ 曲线是一条曲线(图 3-18)。

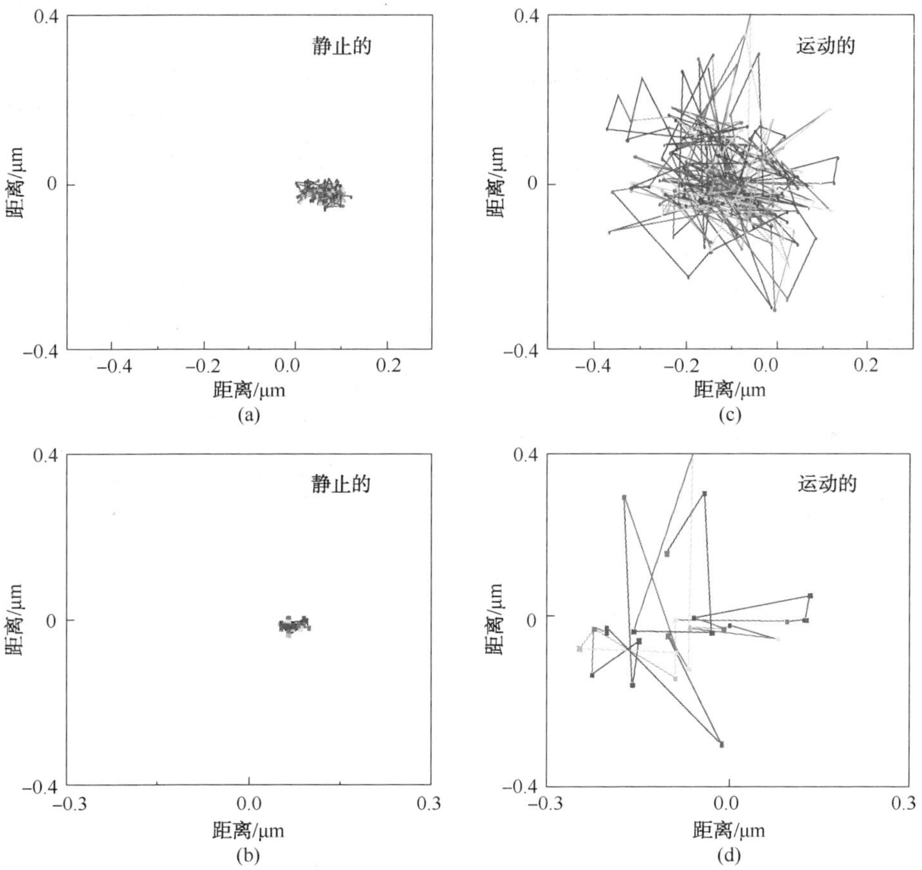

图 3-17 (a)~(b)静止不动和(c)~(d)运动的受体蛋白的扩散轨迹
[(b)和(d)是(a)和(c)中稀疏区域的放大]

经过大量的数据统计、分析，可得静止不动的受体蛋白的扩散系数小于 $(4.16\pm2.4\times10^{-4})\ \mu m^2\cdot s^{-1}$($n=102$)，此结果接近于文献所报道的盖玻片上 QDs

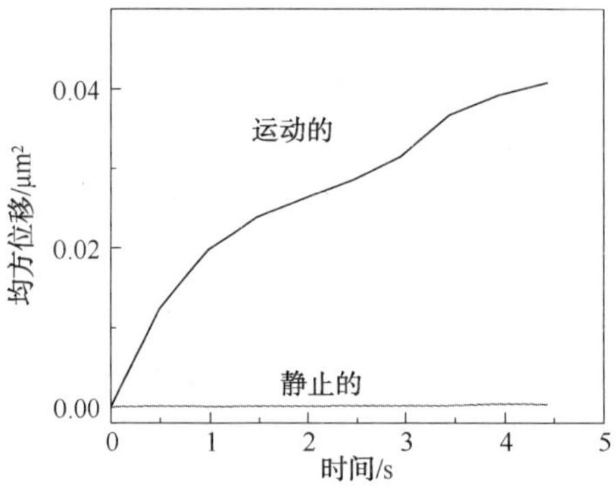

图 3-18　均方位移与时间的关系曲线

的扩散系数。相反，扩散运动的受体蛋白的扩散系数大于静止不动的，其扩散系数平均为 $52.2\times10^{-4}\ \mu m^2\ s^{-1}$（$n=105$）。由图 3-19（a）可知，静止不动的受体占总受体的百分比为 17.2%。

为了排除 QDs 探针本身对受体扩散的影响，在同样的实验条件下，在 CXCR4 上融合表达了一种最常用于单分子荧光跟踪的荧光蛋白，即增强型绿色荧光蛋白（Enhanced green fluorescent protein，EGFP）追踪 CXCR4。实验结果表明，EGFP 会在约 10s 内被漂白。将这个时间段内单个运动的受体蛋白的扩散系数计算出来，并与 QDs 标记的受体蛋白的扩散系数进行对比。由图 3-20（b）可知，QDs 和 EGFP 两种标记方法的差异非常小，表明 QDs 追踪的扩散系数的可靠性。另外，出乎意料地发现，滴加 100 nM 浓度 SDF-1α 配体刺激后，静止不动的受体蛋白的百分比增加到 22.7%，并且运动的受体平均扩散系数降低到 $40.5\times10^{-4}\mu m^2\cdot s^{-1}$（图 3-19），由图 3-21 也可以看出，静息状态下扩散位移的分布范围比配体激活状态下较大，进一步表明受体在配体刺激后运动降低。

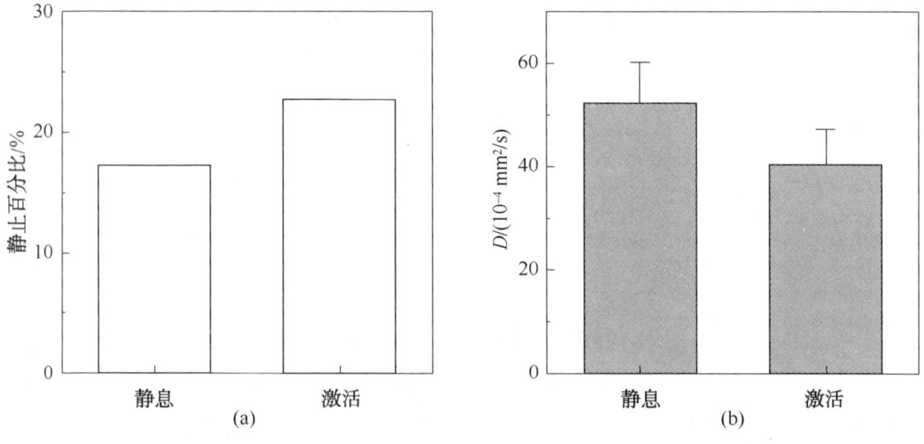

图 3-19　（a）静止不动的受体的百分比；（b）运动的受体的扩散系数

以上结果表明，SDF-1α 刺激可调控受体蛋白的聚合过程。通过深度学习辅助的单分子荧光成像可以在配体调控过程中快速且准确地识别受体单体(单个)和复合物(非单个分子)。结果如图 3-22 所示，SDF-1α 刺激导致受体复合物数量显著增加，受体单体的数量明显减少。该结果进一步证实了先前关于活细胞膜上配体诱导 CXCR4 聚合的推测。

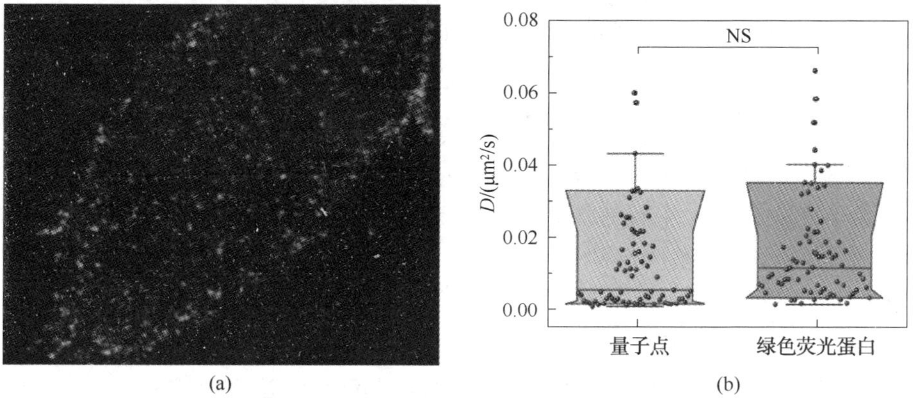

图 3-20 (a)活细胞膜上 EGFP 融合 CXCR4 的荧光图像；(b)QD 标记的 CXCR4 和 EGFP 标记的 CXCR4 蛋白扩散系数的比较(t-test, $P>0.05$)

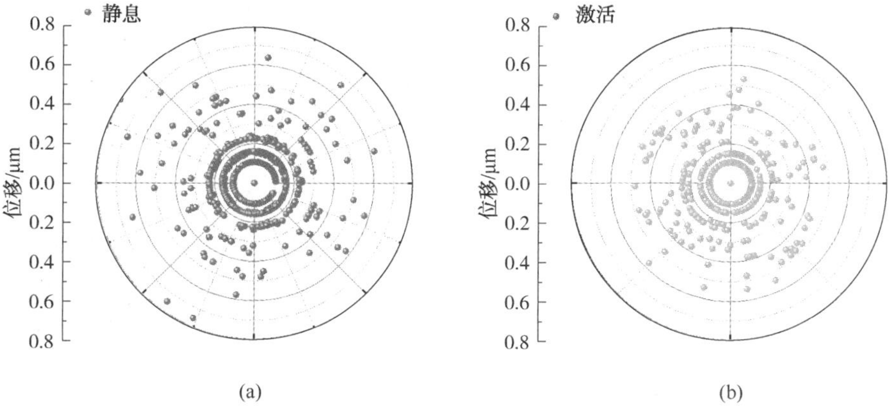

图 3-21 (a)静息状态和(b)配体刺激状态下 CXCR4 的扩散距离(t-检验, $P<0.001$)

3.4.8 实时跟踪受体复合物的形成

为了进一步证实配体驱动的受体相互作用，实时跟踪了 CXCR4 扩散过程并对比了滴加 SDF-1α 刺激受体蛋白前后的差异。值得注意的是，这种深度学习辅助方法比传统的成像方法在实现受体跟踪过程中具有明显的优势，因其能够快速且准确地区分单体和复合物。在未激活状态下，所有静止不动的和扩散运动的 CXCR4 均以其各自的方式起作用。运动的 CXCR4 以相对稳定的速率自由扩散，并且受体之间偶尔发生碰撞(图 3-23)。通过深度学习-辅助识别和共定位，碰撞时间呈现指数分布，在转染表达 12h 条件下，寿命约为 2.5s。随着表达时间延长到 24h、48h，碰撞的时间分别轻微地增加到 2.96s 和 3.09s(图 3-24)。这可以归因于静息状态下，受体之间的随机碰撞和瞬时复合物的形成。在 SDF-1α 配体加入后，CXCR4 渐渐地扩散并彼此靠近，最后经历频繁的分子间碰撞，直到形成亚稳态结合状态。碰撞的寿命相较于同样的表达密度下，明显增加(图 3-24)，表明配体的刺激使单体与复合物之间的动态平衡向形成复合物的方向发生了转变。在基因转染表达 48h，寿命更长，约达到 5.21s，表明了更多 CXCR4 复合物的形成。配体促进 CXCR4 复合物的结果与本实验室以前关于配体调节受体寡聚的现象一致。然而，与之前的光漂白阶数计数法相比，深度学习辅助的单颗粒跟踪技术实现了复合物形成的实时可视化并可以直接确定复合物的寿命。

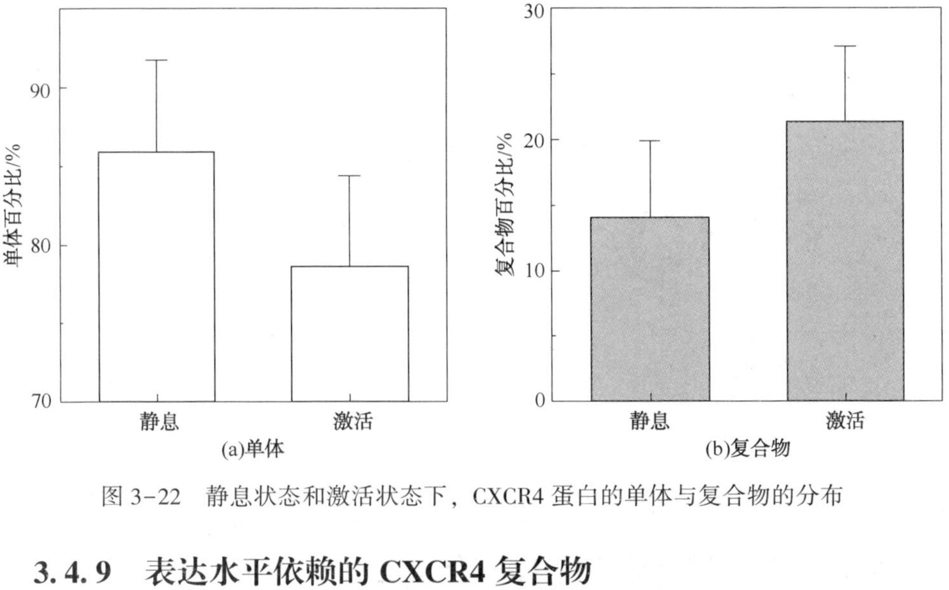

图 3-22 静息状态和激活状态下，CXCR4 蛋白的单体与复合物的分布

3.4.9 表达水平依赖的 CXCR4 复合物

众所周知，随着表达时间的延长，即由 4h 延长至 48h，受体蛋白的表达量逐

渐增加，受体的分布密度升高[图 3-25(a)~(d)]，细胞膜上光斑的数量增多[图 3-25(e)]。

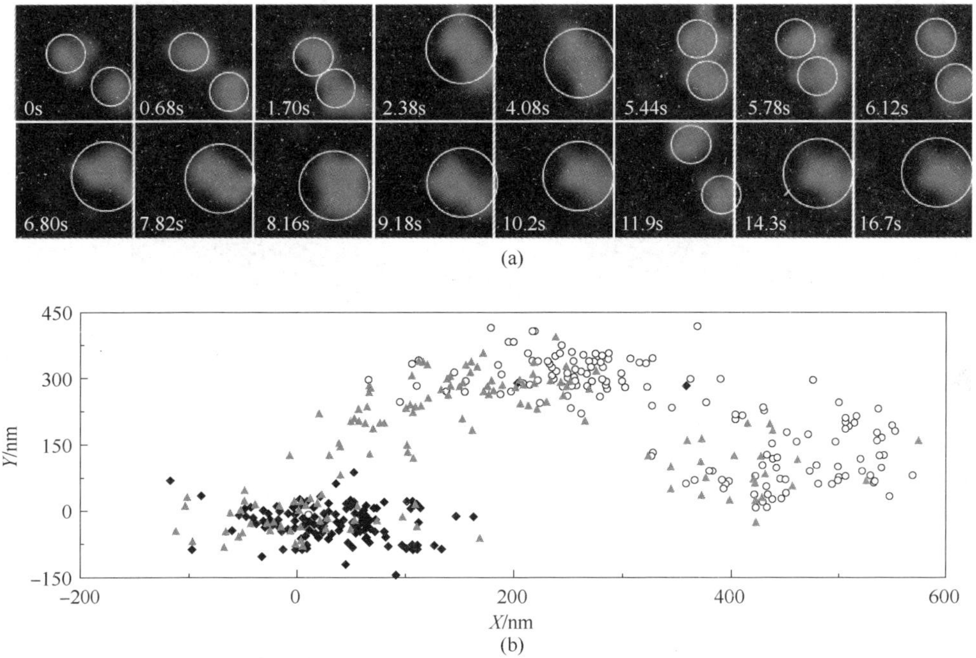

图 3-23　两个 CXCR4 实时追踪和分析：(a)受体复合物形成的图像序列；(b)两个受体碰撞的典型轨迹(圆形和菱形点分别代表两个单体受体位置，三角形点是两个受体碰撞后，共定位区域)

为此，通过使用深度学习辅助的单分子荧光成像，可以量化分析 CXCR4 单体与复合物的分布和变化。如图 3-26(a)所示，随着转染表达时间从 4h 增加到 48h，单体的占比从 91.9%下降到 70.7%，而复合物的数量增加[图 3-26(b)]。与此同时，静止的光斑百分比从 13.3%上升到 31.8%[图 3-26(c)]，运动的受体的扩散系数逐渐降低到 4h 表达时间的平均扩散系数(1.48×10^{-2}) $\mu m^2\cdot s^{-1}$($n=76$)均值的四分之一[图 3-26(d)]，表明 CXCR4 复合物的形成严重依赖于其表达水平。更重要的是，发现在加入 SDF-1α 后，不同表达水平的 CXCR4 呈现出相似的分布变化，即单体减少、复合物增加。这些结果进一步说明 SDF-1α 将受体单体与复合物之间的动态平衡转移向了复合物侧。通过深度学习辅助单分子荧光成像追踪后可得，无论细胞膜上 CXCR4 的密度大小，SDF-1α 刺激均减缓了 CXCR4 的运动速率，同时增加静止不动的 CXCR4 的数量。这个现象很有可能是因为在细胞膜上形成小凹或小窝，在 CXCR4 内化进入细胞前，限制了 CXCR4 的运动。

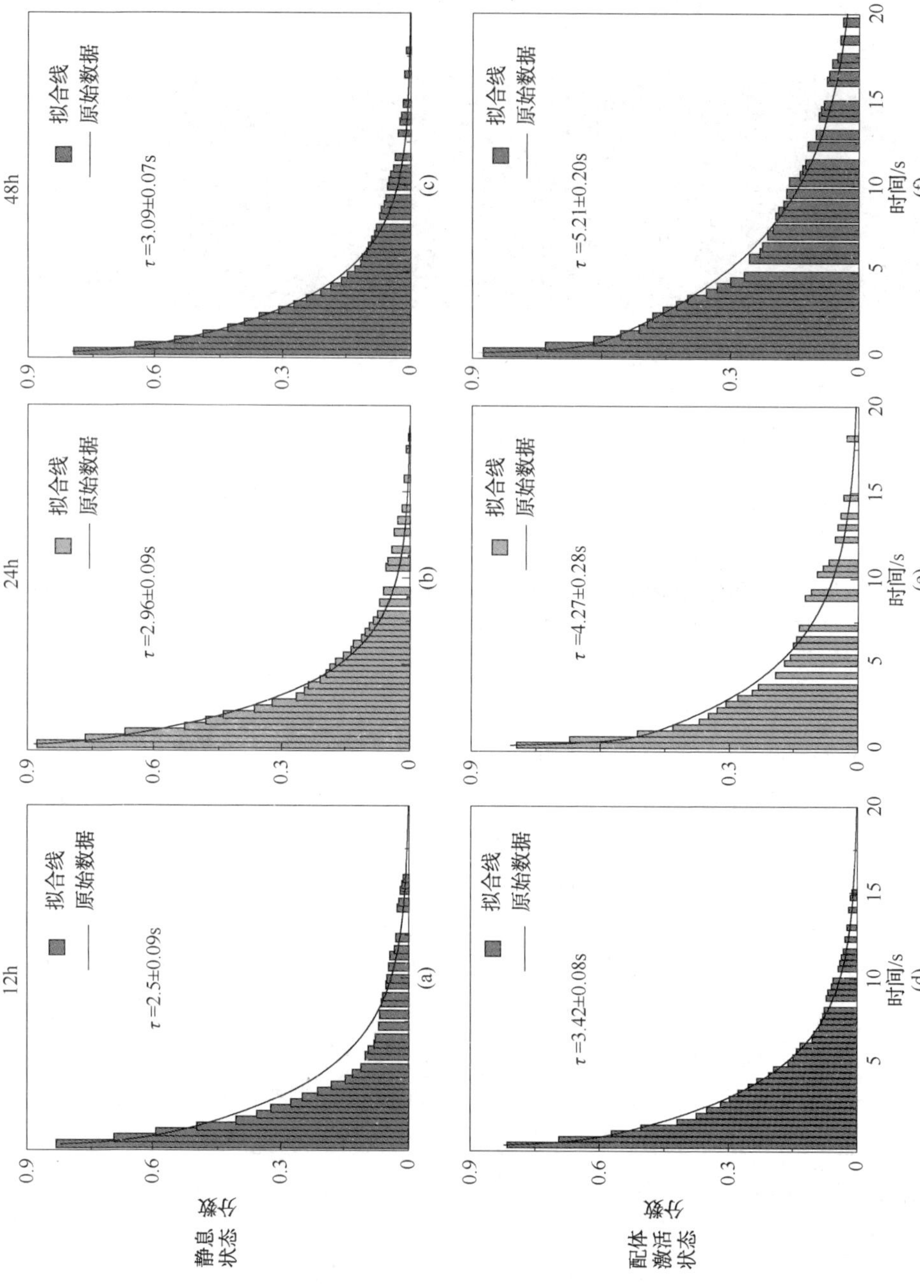

图3-24 表达时间为12h[(a)、(d)]、24h[(b)、(e)]、48h[(c)、(f)]的受体复合物在配体刺激前[(a)~(c)]、后[(d)~(f)]的寿命分布图

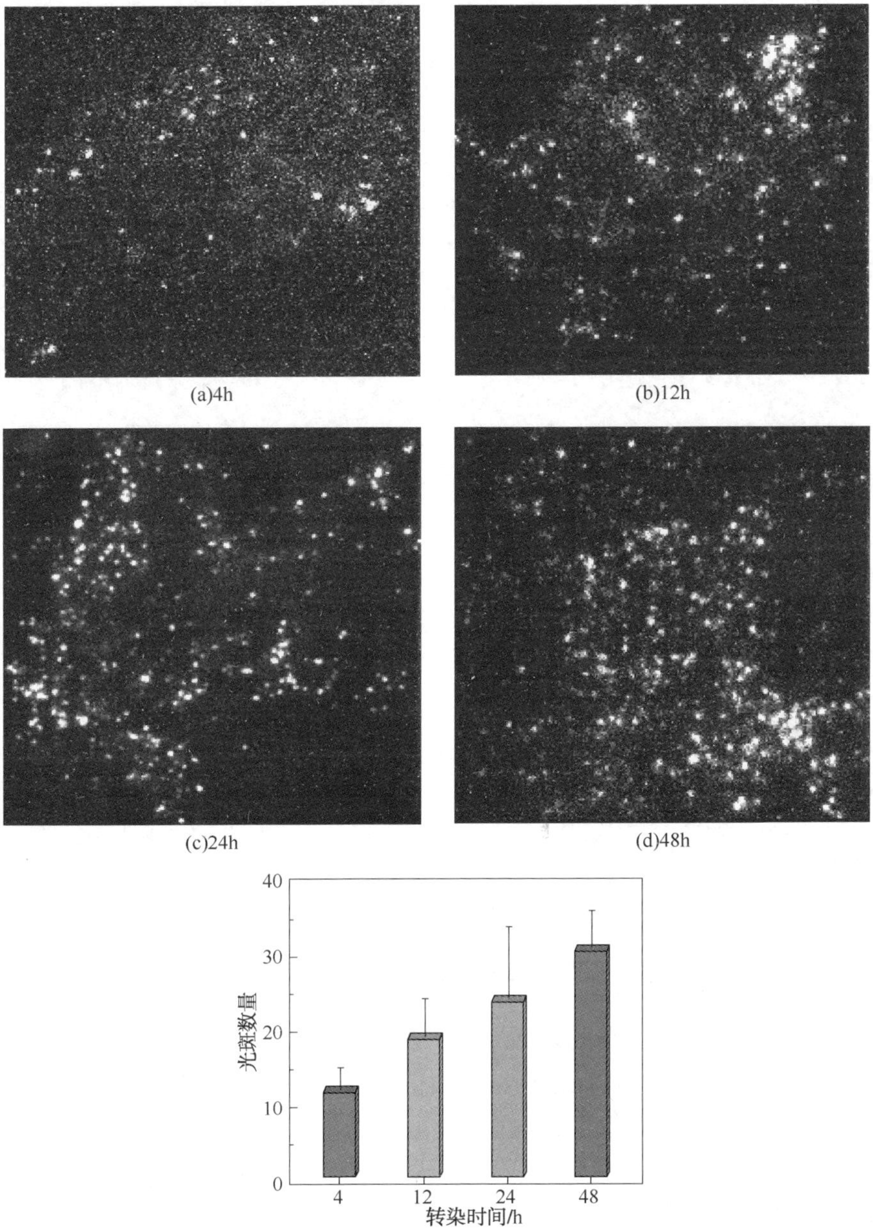

(a)4h (b)12h

(c)24h (d)48h

(e)不同基因转染表达时间下，细胞膜上的荧光QDs特异性标记CXCR4蛋白的光斑数量

图 3-25 不同转染表达时间下的活细胞膜上 QDs 标记的 CXCR4 蛋白 TIRF 图像

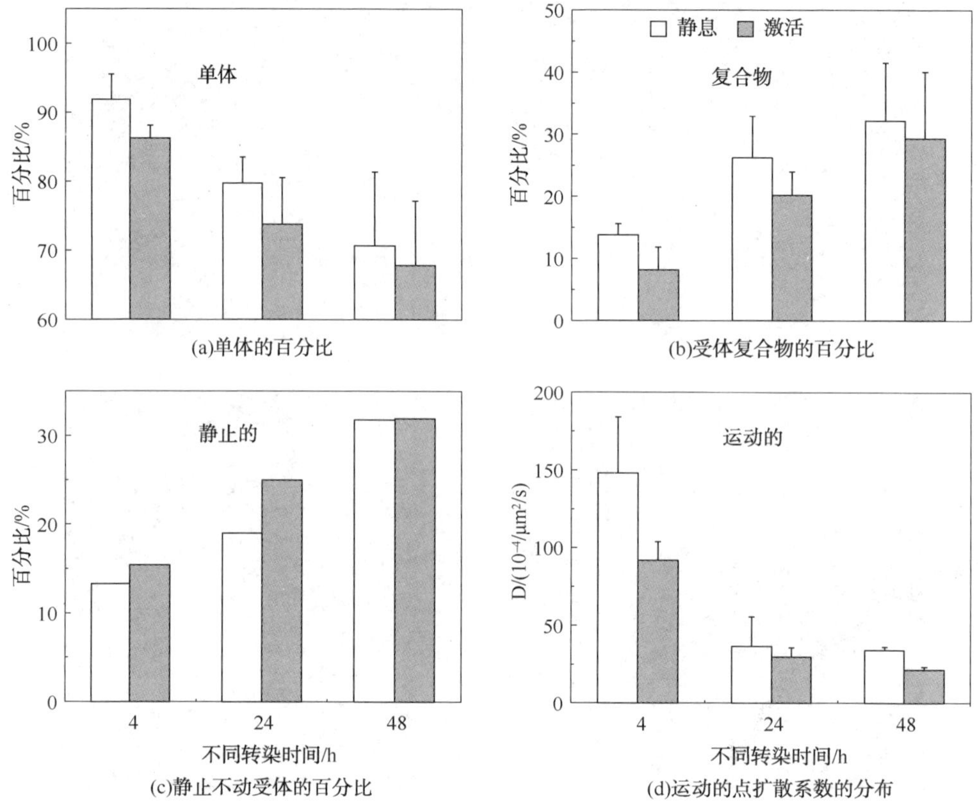

图 3-26　转染表达 4h、24h、48h 的受体蛋白

3.4.10　实时跟踪 CXCR4 内化

在过去的几十年中，许多文献报道了多种 GPCR 会配体的诱导下发生内化。通常情况下，大多数 GPCR 通过网格蛋白依赖性的内化途径介导不同的下游信号传导(图 3-27)。最近的证据表明这种内化可能与 GPCR 寡聚状态相关，但仍然存在争议。通过免疫荧光测定法，也有研究表明在 SDF-1α 配体刺激处理后，CXCR4 同样经历了显著的内化过程。利用共聚焦荧光显微镜成像，可以看到配体刺激后，细胞质内的 EGFP-CXCR4 的明显增多(图 3-28)。为了探究 CXCR4 复合物与其下游内化信号通路的关联，使用深度学习辅助单分子成像方法在单分子水平上研究了 CXCR4 内化过程。

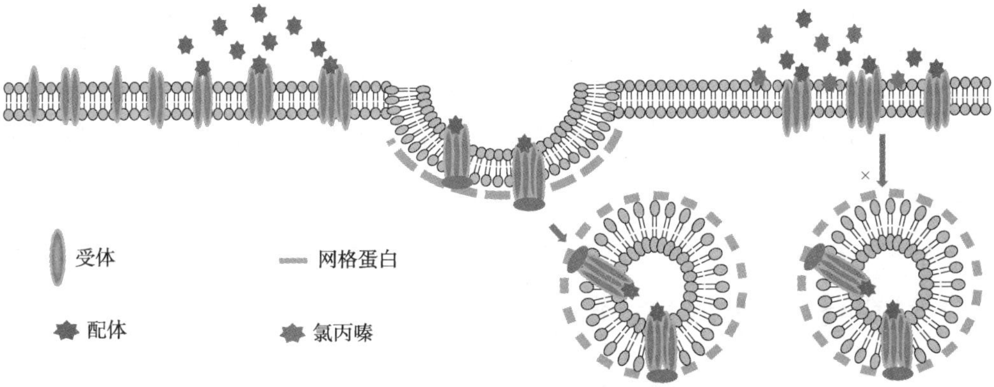

图 3-27 受体复合物形成和内化的示意图

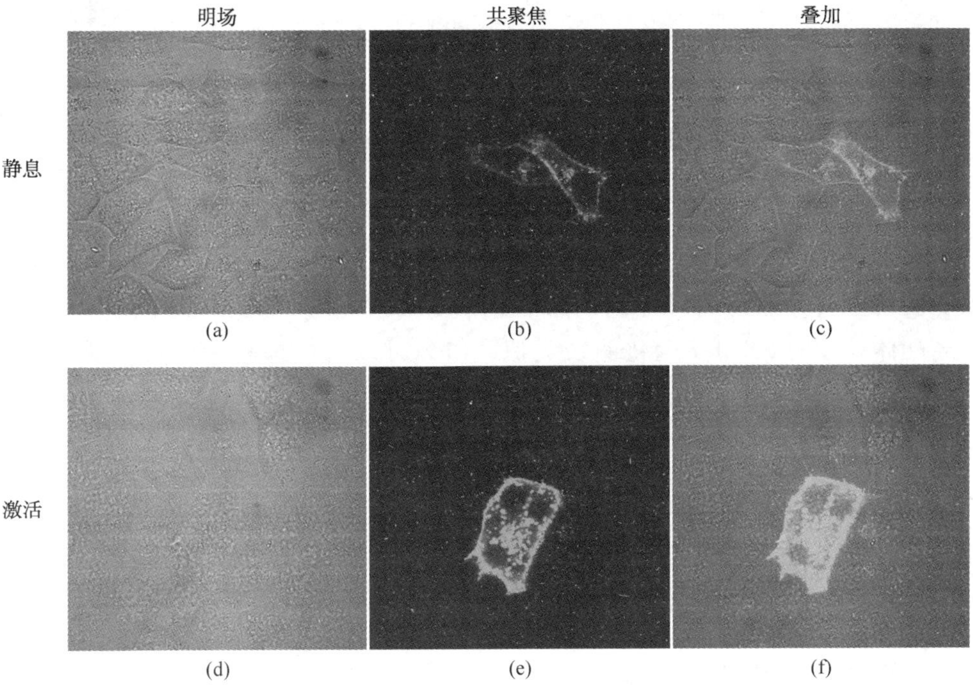

图 3-28 在没有配体[(a)~(c)]、有配体[(d)~(f)]刺激条件下，细胞膜上 EGFP 标记的 CXCR4 的[(a)、(d)]明场图、[(b)、(e)]共聚焦荧光图、[(c)、(f)]叠加图

利用 QDs 光斑数量随时间的变化曲线，可以计算出 CXCR4 内化的速率[图 3-29(a)]。实验结果表明在没有配体激活的情况下，在 120s 内，基因转染表达 12h 情况下的 CXCR4 数量没有减少。当加入 SDF-1α 后，CXCR4 的数量减少了

约 14%，呈现出内化的趋势过程。随着 CXCR4 表达水平的提高，配体诱导的内化作用显著加速。相同条件下，在基因转染长达 48h 时，CXCR4 数量降低了约 25%。该结果表明 CXCR4 的复合物比单体更容易发生内在化，这与其他 GPCR 一致。通过内化过程中，单体与复合物的区分，发现复合物的内化速率比单体的高 1.5 倍(图 3-30)。

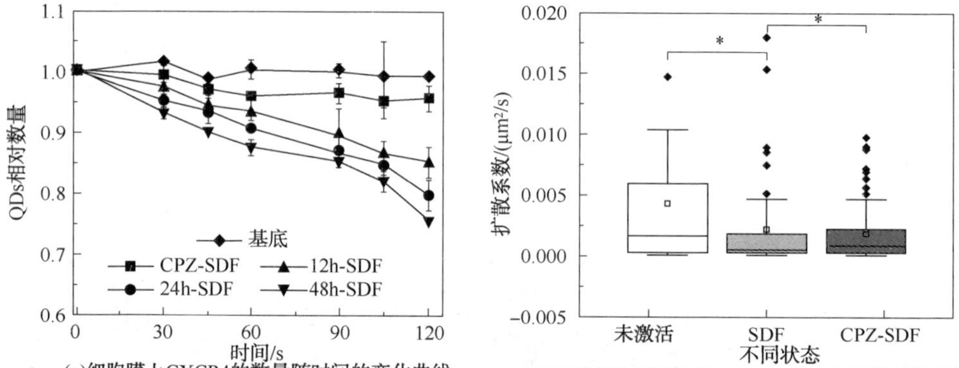

(a)细胞膜上CXCR4的数量随时间的变化曲线

(b)不同处理条件下，CXCR4蛋白的扩散系数差异

图 3-29　配体诱导趋化因子受体 CXCR4 的内化

为了进一步阐明 CXCR4 内化过程与受体复合物形成之间的关系，利用氯丙嗪网格蛋白介导的内吞抑制剂来阻断 CXCR4 内化。如图3-29(b)所示，与未经配体处理的 CXCR4 变化曲线类似，CPZ 可以有效抑制 SDF-1α 刺激后的 CXCR4 内化。同时，追踪了各种刺激条件下 CXCR4 在动态扩散过程并发现，在阻止内化之后，SDF-1α处理仍然可以增加复合物的数量，减慢 CXCR4 的运动速率，这与单独使用 SDF-1α 的现象相似(图 3-30)。与空白实验对照，仅 CPZ 的处理，不会影响 CXCR4 扩散动力学，表明配体诱导的 CXCR4 复合物的形成不依赖于受体内化途经，并且可以合理地归因于配体可以调控细胞膜上 CXCR4 的结合平衡。

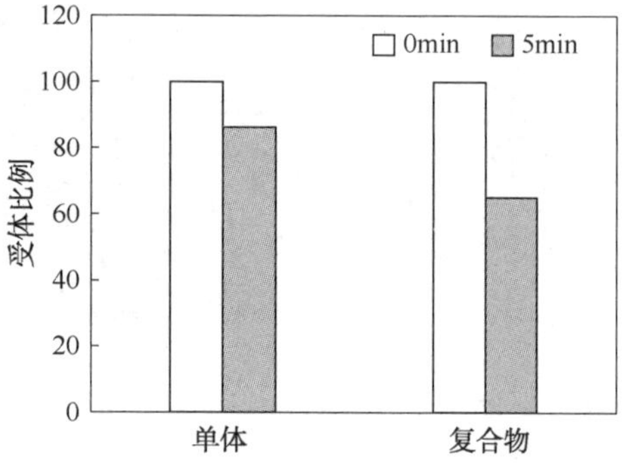

图 3-30　在 12h 表达水平下，细胞膜上单体与复合物在配体刺激前、后 5min 内的数量分布变化

3.5 本章小结

单分子荧光成像技术可以追踪分子的定位和分布，是研究蛋白质功能的强大的工具，但是，由于蛋白在复杂细胞膜上的不均匀分布和蛋白之间的相互作用，动态蛋白分子的准确且快速识别，仍然是一个巨大的挑战。为此，本章搭建、训练、优化了一种由卷积层、最大池化层、全连接层构成的深度学习卷积神经网络模型，评估了此模型的预测准确率、泛化能力、迁移性等，验证了该模型的可靠性，发展出了一种新型的且准确率高于98%的深度学习辅助单分子荧光示踪成像的方法，实现了受体蛋白单体与复合物的准确识别，实时跟踪了单分子水平上的受体蛋白的相互作用，详细探究了信号传导初期阶段，细胞膜上的 CXCR4 蛋白的动态过程。另外，实验结果表明，CXCR4 复合物的形成不受受体内化通路的阻断，这更可能归因于配体调控下的化学聚合。

4 基于深度学习的 CXCR4 聚集状态识别和聚集机制研究

4.1 前言

G 蛋白偶联受体是膜受体中最大的一类，也是临床批准药物的主要靶点。尽管在阐明其三维结构和如何从静息状态转换到激活状态方面取得了巨大的进展，但是受体蛋白聚集体的组织形式和形成机理尚不清楚。据文献报道，GPCRs 聚集形成的单体、二聚体、三聚体等复合物不仅与 GPCRs 的功能有关，还与人类不同的癌症疾病有关。同时，受体蛋白的聚集也被认为是受体功能的基础并可在细胞内被调节。为此，快速且准确地分析、表征蛋白聚集特征具有重要意义。

到目前为止，已经发展了多种研究受体蛋白聚集的技术，包括生物发光共振能量转移、荧光共振能量转移和单分子荧光成像。其中，前两个是常用的方法。通过采用这两种技术可以得到受体二聚化或寡聚化是否存在的信息，但受体的具体聚集状态仍然未知。单分子荧光成像技术，如单分子跟踪和光漂白步数计数法能够提供多种信息，如分子定位、组成和精确定量，因此被认为是研究活细胞膜上蛋白聚集形式的最有力工具。顾名思义，光漂白步数计数是假设荧光团标记的蛋白质按照步数被光漂白，每一个强度的下降阶梯被认为是一个单独的光漂白事件。通过计数的台阶数就可以得知复合物中亚基的数量。因此，该方法已广泛应用于多种蛋白的研究，包括表皮生长因子受体、阿片受体、病原体识别受体 toll 样受体、CXCR4、CCR3 受体等。然而，由于预光漂白和复杂生物系统中荧光信号弱的随机缺陷，光漂白步数计数法在确定真正的寡聚亚基时也可能存在误差。另外，在不同的条件下，在不同的实验室得到的荧光蛋白或染料的强度轨迹往往是存在差异的。虽然已经开发了几种算法，但其中一些算法需要逐个手动判断或优化用户自定义参数，不仅耗时、耗力而且在大量的数据统计时可能导致依赖于用户期望的偏差。所以，到目前为止，快速且准确地识别、分析和表征蛋白的聚集状态仍然是一个关键的挑战。

近几年，深度学习为单分子荧光成像分析提供了创新的解决方案。已经被逐渐应用，比如加速超分辨率显微镜在噪声很大的情况下，识别荧光显微镜图像中单分子，及 FRET 数据的分类等。受这些开创性工作的启发，本章将设计并训练一种新的深度学习模型算法，利用该模型自动识别、分类碳点的闪烁，进而具体分析 CXCR4 聚集状态，比较各种激动剂对 CXCR4 在细胞膜上聚集形式调控的差异并探索聚集形成的机制。

4.2 实验材料与仪器

4.2.1 实验材料(表 4-1)

表 4-1 主要实验药品

名称	规格型号	生产厂家
多聚甲醛	500g	麦克林生化科技有限公司
Tween 20	500mL	Sigma 公司
AMD3100	5mg	Selleck 公司
甲基-β-环糊精	5g	阿拉丁试剂有限公司
细胞松弛素 D	5g	阿拉丁试剂有限公司
其他药品	—	同表 2-1

4.2.2 实验仪器(表 4-2)

表 4-2 主要实验仪器

名称	规格型号	生产厂家
动态光纳米粒度仪	ZEN3600	英国马尔文仪器公司
FCS 共聚焦显微镜	—	实验室搭建
其他仪器	—	同表 2-2

4.3 实验方法

4.3.1 碳点的制备与表征

采用自上而下法，氧化切割的方式制备碳点，具体实验过程如下：①称取0.5g炭黑，量取30mL超纯水，分别加入250mL的圆底烧瓶中，超声混匀20min；②加入80mL硝酸，混匀后擦干圆底烧瓶外部的水分；③搭建好冷凝回流装置，将上述的圆底烧瓶放入油浴锅中，在127℃下，加热反应24h；④将反应后的产物溶液冷却至室温(约为25℃)；⑤将产物液收集到50mL离心管，离心去除未溶解(转速为7000r/min，离心时长为15min)；⑥取上清液加入圆底烧瓶，利用加热套烘干(设置温度为230℃)；⑦待加热至瓶内没有流动的液体，且瓶口还有蒸汽为佳；⑧用少量超纯水将瓶底烘干的样品洗出；⑨通过旋转蒸发浓缩碳点产物，接着冷冻干燥并收集样品，以备将来使用。

3-30 kDa碳点分离及表征具体步骤包括：①取10mg的碳点混合物，吸取480μL超纯水溶解，制备成碳点溶液；②将480μL的碳点溶液，装载入截留分子量为30 kDa的超滤管的上腔(根据溶液体积选择超滤管的大小型号)，进行超滤离心(转速8000r/min，时长20min)得到透过去的溶液；③吸取步骤②中透过的碳点溶液，装载入截留分子量为3 kDa的超滤管的上腔，离心超滤得到上层溶液，再加入10mM pH值为5.5的MES缓冲液并小心吹动均匀，离心清洗一遍，再次得到清洗之后的上层溶液，获得3-30 kDa的碳点。采用TEM对该CDs的形貌、尺寸进行表征，如图4-1(a)所示，该CDs尺寸均匀且分散性好，尺寸大约4nm。通过采用紫外和荧光光谱的表征，得到其在200~700nm范围内存在非常宽的光吸收[图4-1(b)]。为了尽可能地减小细胞自荧光对成像信噪比的影响，使用532nm激发光对CDs进行激发，并得到其在590nm处存在强荧光发射峰[图4-1(c)]。

4.3.2 碳点与抗体结合

CXCR4一抗存在两个活性位点片段，当用CDs结合标记时，可能会与两个活性位点结合，导致一个抗体结合两个CDs，进而导致对细胞CXCR4的定位计数不精确，因此，为了将抗体中两个Fab片段酶解下来，获得纯的Fab片段，利用木瓜蛋白酶将抗体酶解。将得到的Fab与CDs结合。

CXCR4 一抗的 Fab 片段获取具体步骤包括：①吸取 20μL，浓度为 $1mg \cdot mL^{-1}$的 CXCR4 一抗于离心管中；②称取 0.001mg 木瓜蛋白酶粉；③加入半胱氨酸溶液（1μL，$0.2mol \cdot L^{-1}$）和 EDTA 溶液（1μL，$0.1mol \cdot L^{-1}$，pH 值为 7.0）；④加入 100μL 磷酸盐缓冲液（$0.1mol \cdot L^{-1}$）；⑤置于 37℃ 孵育 2h；⑥酶解完成后，加入碘乙酰胺溶液（1μL，$0.2mol \cdot L^{-1}$），冰浴 0.5h，停止蛋白水解，终止酶促反应，得到样品；⑦将上述样品放入层析柱中（SkillPak1mL TOYOPEARL AF-rProteinL-650F）；⑧用 pH 值为 6.5 的 $0.1mol \cdot L^{-1}$柠檬酸盐缓冲液冲洗层析柱，Fab 片段会吸附在层析柱中而其余成分会被冲洗掉；⑨改变缓冲液的 pH 值，用 pH 值为 2.2 的柠檬酸盐缓冲液（0.1M）冲洗层析柱，将 Fab 片段冲洗下来，进而获得 CXCR4 一抗酶切后的 Fab 片段。

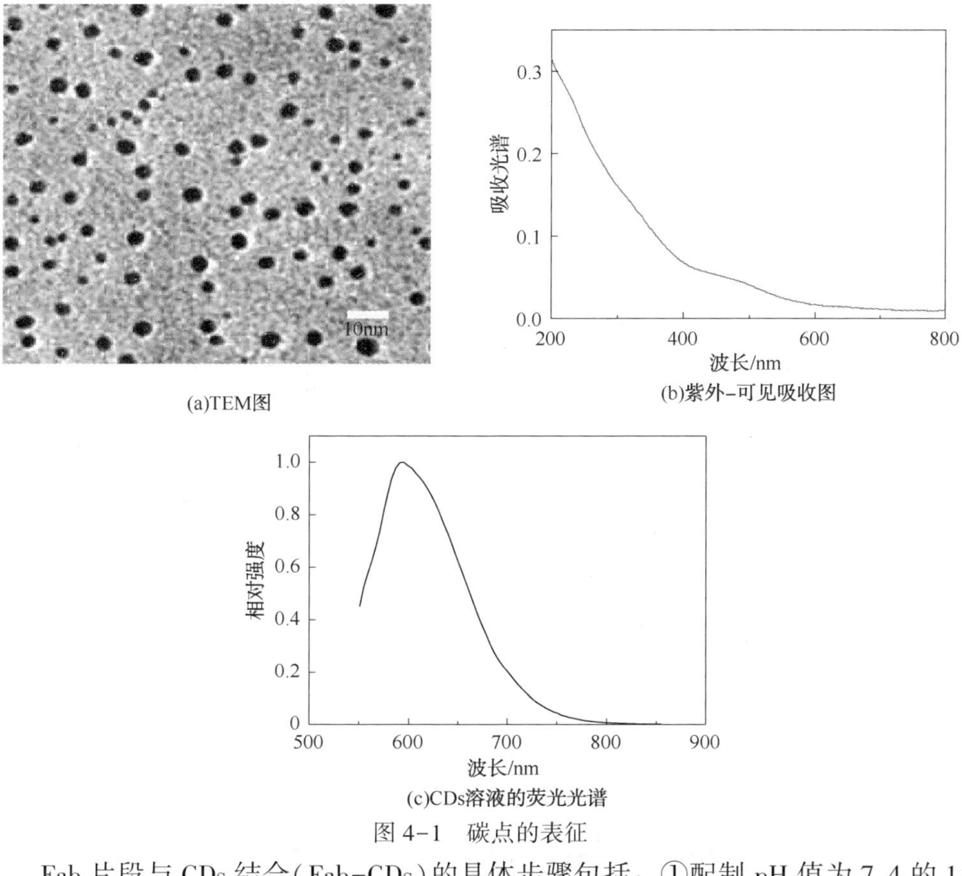

(a)TEM图

(b)紫外-可见吸收图

(c)CDs溶液的荧光光谱

图 4-1　碳点的表征

Fab 片段与 CDs 结合（Fab-CDs）的具体步骤包括：①配制 pH 值为 7.4 的 1× PBS（10mM）缓冲液。在 1000mL 大烧杯中，依次加入 80.06g NaCl、2.01g KCl、

35.8g $Na_2HPO_4 \cdot 12H_2O$、2.72g KH_2PO_4，最后加入1000mL去离子水、定容，充分搅拌溶解，得到10×PBS。将10×PBS加水稀释10倍，得到1×PBS。②配制浓度为10mM，pH值为5.5的MES缓冲液。称取1.92g的MES，加入100mL水，pH值约为4.09，使用时加超纯水稀释至1000mL，得到浓度为10mM的缓冲液，再调节pH值为5.5。③将得到的3-30 kDa的50mg·mL^{-1}碳点溶液(含死体积的MES缓冲溶液)，加入10mg的EDC和10mg的NHS，吹打混合均匀后，室温条件下反应30min。④加入pH值为7.4的10mM缓冲液1×PBS，吹打均匀，超离心去掉所有溶液；然后将超滤管反转离心得到最后的浓溶液(PBS)，约为50μL，再迅速加入50μL浓度为10mg·mL^{-1}二抗中，混合均匀后，室温反应4h或者4℃过夜。⑤加入pH值为7.4的1×PBS缓冲液，用100 kDa的超滤管4℃条件下，超滤冲洗5遍以上，直至下腔室的滤过液没有颜色为止。⑥最后一遍，用450μL 0.5%的BSA溶液冲洗。⑦反转离心速度为1000r/min，回收Fab-CDs结合物，4℃保存备用。

荧光相关光谱技术评价Fab-CDs的结合：①准备CDs和Fab-CDs两个样品；②使用磷酸盐缓冲液将两个样品分别稀释至纳摩尔级；③分别吸取200μL样品，加入标记清楚的八孔池两个孔中；④调节显微镜，先将其焦距调至八空池底部；⑤再将焦距上调20μm，调至样品溶液中；⑥以一定强度的488nm激光为激发，开始检测；⑦每样每组检测10min，获得样品的荧光光谱曲线。

4.3.3 受体的免疫染色及成像

CDs-Fab免疫染色的具体步骤包括：①在八孔池铺较稀疏的Hela细胞(天然表达CXCR4)，培养24h；②在固定处理细胞前，向Hela细胞中加入100 nM激动剂SDF-1α、AMD 3100、TC 14012，1μM的甲基环糊精(MβCD)、细胞松弛素(Cyto D)等DMEM溶液处理细胞；③反应一段时间后，用无菌1×PBS清洗细胞；④使用4%多聚甲醛细胞固定液，室温条件下，固定细胞15min；⑤1×PBS清洗细胞三次，每次5min；⑥配制封闭液(含2% BSA，0.1% Tween 20的1×PBS溶液)。加入封闭液，将细胞在室温培育1h，进行封闭以有效避免非特异性吸附；⑦吸弃封闭液，清洗细胞后，用稀释液(将配制的封闭液用1×PBS缓冲液稀释10倍)稀释一抗，加入细胞中，4℃过夜孵育；⑧1×PBS清洗细胞三遍，每遍10min；⑨加入结合了一抗的CDs-Fab，室温避光孵育1h；⑩1×PBS清洗细胞三遍，每遍5min；⑪每孔加200μL PBS溶液；⑫样品制备完成。

细胞膜上 CXCR4 蛋白的全内反射显微镜成像的具体步骤包括：①打开激光控制器、Nikon A1 共聚焦显微镜仪器及 Nis-element 操控软件，选择 100 倍油镜（1.5 x），滴加浸没油；②安装合适的滤光片(CDs 的激发为 532nm 激光，发射滤光片为 593/40nm 带通，二色镜为 570nm)；③设置激光强度，以 20%激光强度激发，曝光时间 500ms，调整焦距及全内反射角度(约 4600)找到细胞膜视野；④打开 PFS，微调焦距，拍摄细胞膜上 CXCR4。

4.3.4　深度学习模型数据集

单个 CDs 数据集制备的具体步骤包括：①将碳点稀疏地分散在盖玻片上，然后利用全内反射荧光显微镜对其进行成像并采集视频序列(曝光时间为 500ms，采集时间为 20min)；②利用 image J 图像处理软件对所得到的视频数据按照背景的平均值加三倍标准偏差的背景计算方式，进行去背景处理(图 4-2)；③使用其 Thunder STROM 插件，获得图像序列中所有 CDs 光斑的定位；④借助 python 编写的程序，提取单个的 CDs 闪烁轨迹并对轨迹进行归一化。

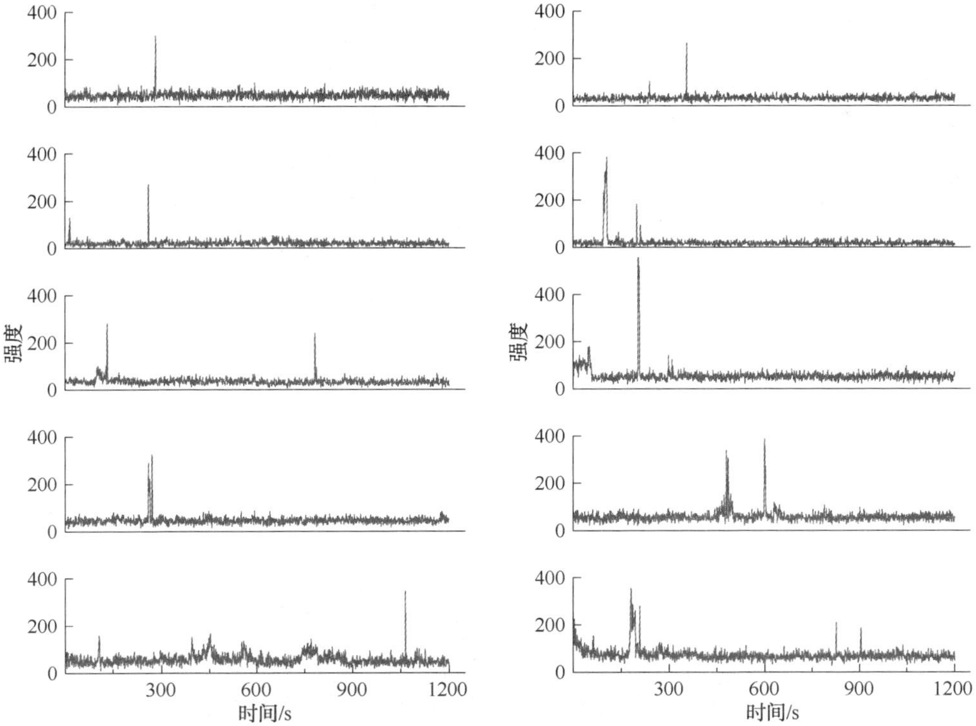

图 4-2　十条随机的 CDs 的荧光强度轨迹图

两个及以上 CDs 数据集制备的具体步骤包括：将单个 CDs 的闪烁轨迹随机组合，分别得到二聚体、三聚体、四聚体、五聚体的 16000 条轨迹曲线(图 4-3)。共得到 65000 条轨迹。在训练模型的时候，将数据分为三部分。其中，60%的数据用于模型训练，20%用于验证，20%用于测试。

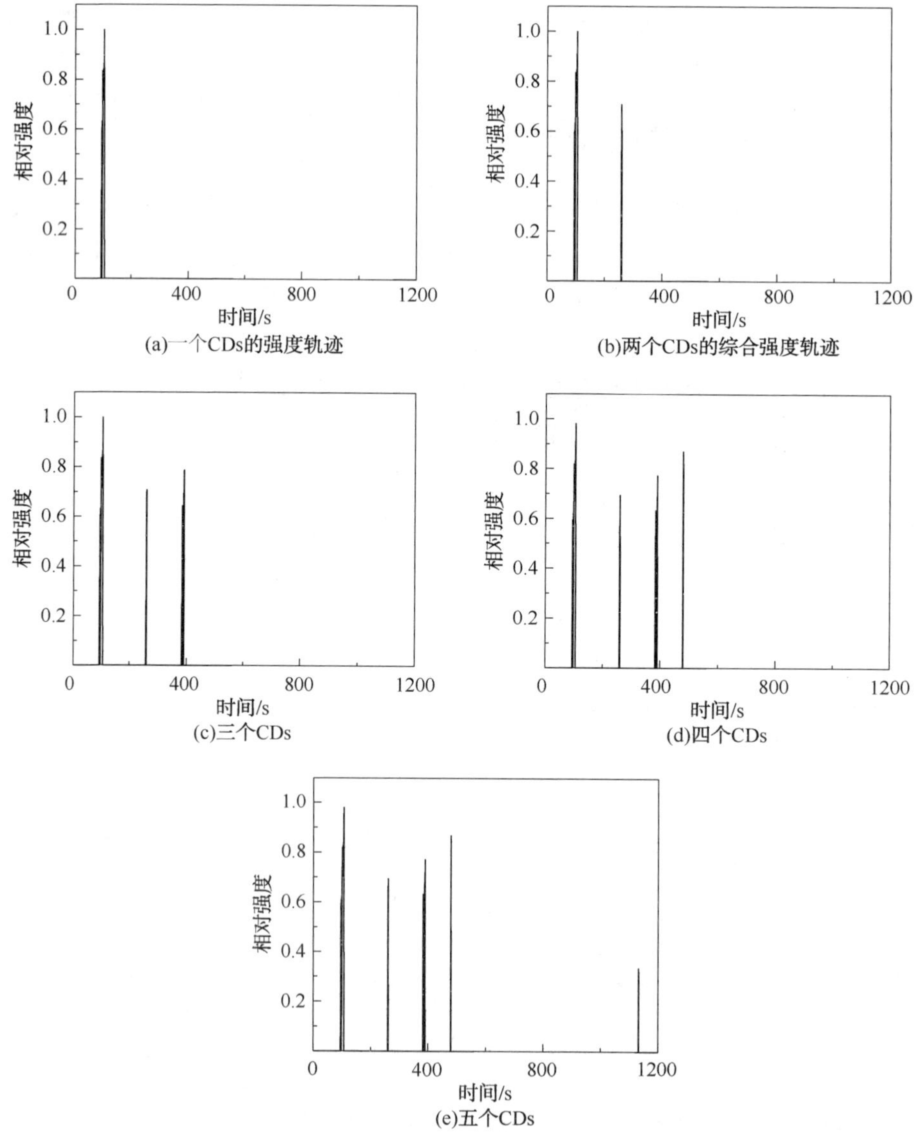

图 4-3　单体和不同 CDs 聚集体的闪烁轨迹图

细胞膜上 CXCR4-Fab-CDs 数据获取：利用所制备的碳点一抗(Fab-CDs)对细胞膜上天然表达的 CXCR4 蛋白进行免疫标记。采用 TIRF 荧光显微镜对细胞膜上标记的 CXCR4-Fab-CDs 进行成像并采集视频序列。

4.3.5 深度学习模型训练

根据卷积神经网络和循环神经网络的特点，建立一个融合了卷积层、池化层、dropout 层、长短时记忆层及全连接层的深度学习神经网络。神经网络的所有参数，如表 4-3 所示。模型的输入层是经过预处理的 CDs 的闪烁轨迹。卷积层过滤器的数量是 512。

表 4-3 深度学习模型的详细参数

顺序	层(类型)	输出形状	参数	备注
1	Conv 1 d_ 1 (Conv1D)	(None，1196，512)	5632	Kernel size=10 Padding= same Activation =ReLUs Stride =1
2	Max pooling 1D_ 1 (MaxPooling1)	(None，598，512)	0	Pool size =2
3	Conv 1 d_ 2 (Conv1D)	(None，598，512)	2621952	Kernel size=10 Padding= same Activation =ReLUs Stride =1
4	Max pooling 1D_ 2 (MaxPooling1)	(None，299，512)	0	Pool size =2
5	Dropout (Dropout)	(None，299，512)	0	Dropout rate=0. 25
6	Lstm (LSTM)	(None，299，32)	69760	
7	Lstm_ 1 (LSTM)	(None，32)	8320	
8	Dropout_ 1 (Dropout)	(None，32)	0	Dropout rate=0. 25

续表

顺序	层(类型)	输出形状	参数	备注
9	Dense (Dense)	(None, 512)	16896	Activation =ReLUs
10	Dense_ 1 (Dense)	(None, 512)	262656	Activation = Softmax Optimizer=Adam
11	Dropout_ 2 (Dropout)	(None, 512)	0	Dropout rate=0. 25
12	Dense_ 2 (Dense)	(None, 5)	2565	Activation = Softmax
13	Total		2987781	Optimizer=Adam Loss=categorical focal loss crossentropy

卷积核大小是 10。池化层使用的是最大池化，大小是 2。Dropout 的 rate 设置是 0. 25。激活函数与分类器分别选用了最常用的 ReLU 非线性激活函数与 Softmax 函数。优化器是 Adam。因为不同标签数据集的数量差异，选用了聚类焦点损失函数，以解决样本数量不平衡的难题。

利用开源的 Keras 神经网络库来完成 CLDNN 模型。TensorFlow 2. 0 和 Python 3. 7 用于建立、训练神经网络。此模型训练和分类是在具有 4352 个 CUDA 内核、1708 MHz 速度和 11 GB RAM 的 GeForce 2080Ti GPU 上运行的。

4. 3. 6　深度学习模型对比及优化

随机森林是树方法(还包括决策树、XGBoost、GBDT 等)中的一种。一棵决策树包括一个根节点、若干内部结点、若干个叶结点；叶结点对应决策结果，其他每个结点则对应属性测试；每个结点包含的样本集合根据属性测试的结果可以被划分到子结点中；根结点包含样本全集，从根结点到每个叶子结点的路径对应了一个判定测试序列。决策树模型是各个树方法模型的基础，如随机森林、XGBoost、GBDT 等其他树方法几乎都是决策树模型的改进版。比如，由多棵决策树集成的模型，就叫作随机森林(Random Forest，RF)。截至目前，RF 也可作为最强大的机器学习算法之一。

4.4 结果与讨论

4.4.1 深度学习模型构架

根据抗原抗体免疫荧光标记的原理，采用所制备的 Fab-CDs 对 Hela 细胞膜上的 CXCR4 蛋白进行标记。图 4-4 展示了 CDs 一抗对细胞膜上 CXCR4 免疫标记的示意图。由于 CDs 亮度高和光稳定好，CDs 的光斑可以通过二维高斯函数的点扩散函数(PSF)精确定位并得到其闪烁轨迹。

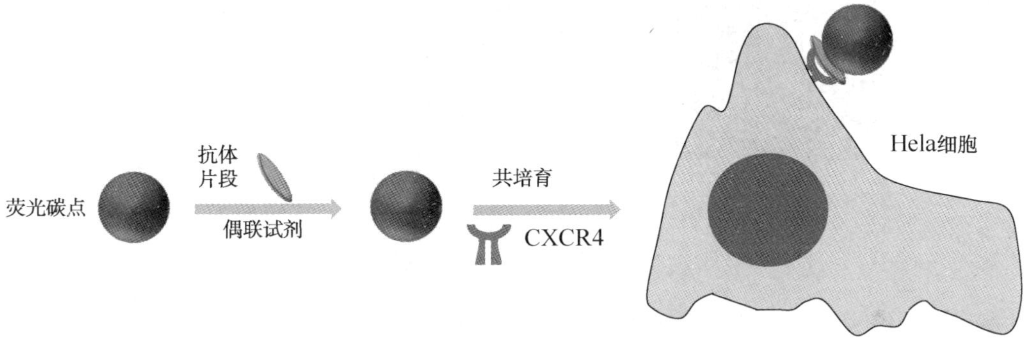

图 4-4　Fab-CDs 标记细胞膜上 CXCR4 蛋白的示意图

为了实现对受体蛋白单体、二聚体与寡聚体(三聚体、四聚体、五聚体)的具体识别。结合了卷积层、最大池化层、长短时记忆层、dropout 层及全连接层，构建了一个 DL 神经网络模型，结构如图 4-5 所示。该模型主要由五部分组成。第一层是模型的输入层，即 CDs 信号强度随时间的变化轨迹图(1196 个点)。首先，利用 TIRFM 对 CDs 进行单分子荧光成像，接着通过 python 编程来获取单个 CDs 的定位和信号强度轨迹。其次，通过排列组合相应数量的单个 CDs，合成了 2 个、3 个、4 个、5 个 CDs 的强度轨迹，同时，也代表了不同的受体寡聚状态(二聚体、三聚体、四聚体、五聚体的轨迹)。经过采用荧光相关光谱技术对 Fab-CDs 尺寸的估算，得到其 CDs 之间最近的距离为 9.6nm，这个距离足够大，可以有效地避免彼此之间的相互作用和影响。最后，与单个的 CDs 标签的考察因素一致，所合成的标签数据也完全考虑到了时间、信号强度、burst 位置、频率、间隔等诸多因素。

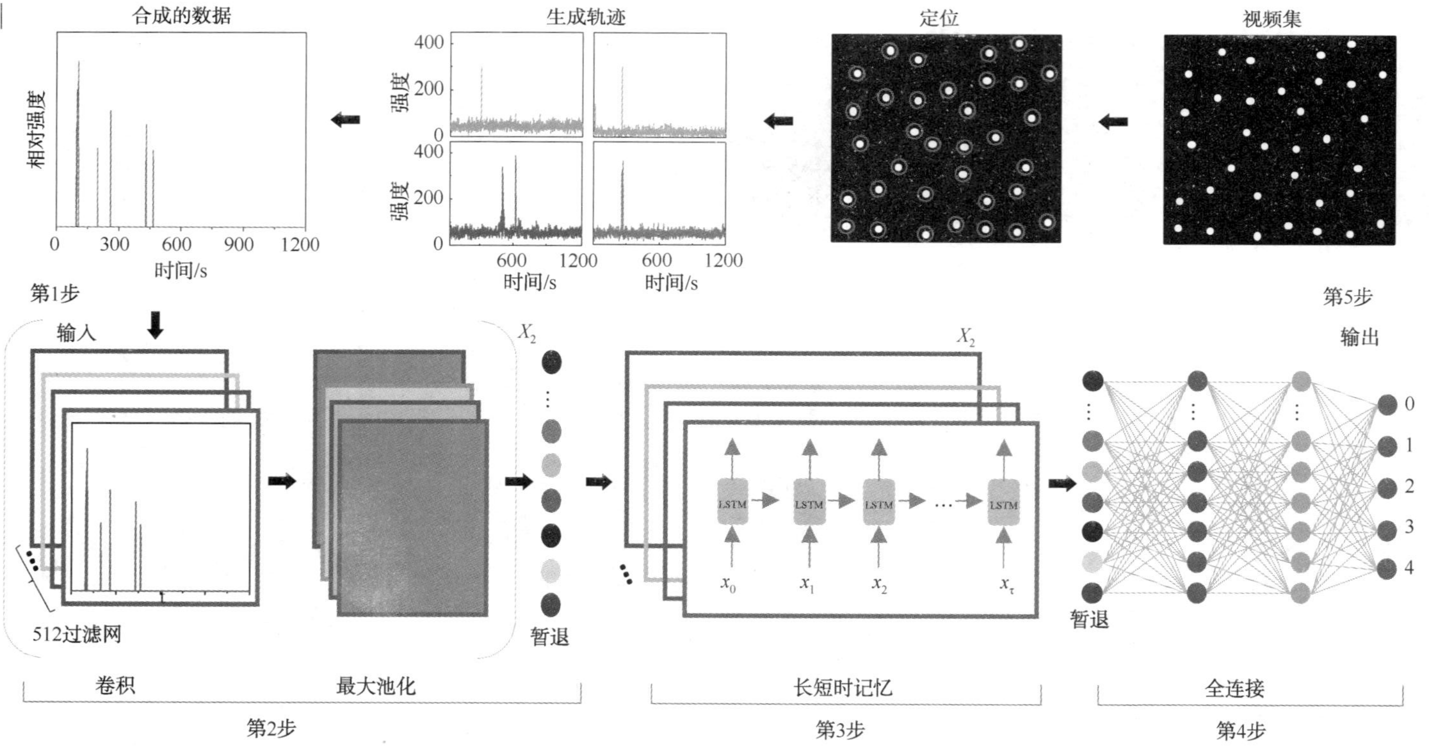

图4-5　利用CDs闪烁的单分子成像数据的自动分类来实现受体蛋白具体聚集状态分析的深度学习模型的结构示意图

模型的第二部分是输入数据的特征检测器，用来提取原始数据的特征图，将原始数据的特征映射并抽象地表示出来。这一部分由五层组成，即第一卷积层、第一池化层、第二卷积层、第二池化层和 dropout 层。首先，将输入层或上一层的输出层进行卷积，以 Kernal = 10 的卷积核对整个输入轨迹进行扫描以提取特征图。其次，利用最大池化层进行特征降维，压缩数据及相关参数数量，以便减小计算量，控制过拟合，在查找最大特征图的同时提高模型的容错性。最后，dropout 层作为一种正则化技术，从中随机舍弃一些神经元，以减少对特定单位的依赖，也可以防止过拟合。

模型的第三部分通过引入长短时记忆层(LSTM)，将数据集中的时间序列信息考察在内，进一步提高了模型的分类精度。主要包括两个长短时记忆循环层和一个 dropout 层。LSTM 单元是循环神经网络的一种延伸，被认为是同一神经元的多个副本，将信息传递给具有长期记忆的后继者，其参数如表 4-3 所示。LSTM 充分利用了门的概念。利用输入门、遗忘门和输出门来控制哪些信息应该被忘记，哪些信息应该被记住和更新。卷积层可以识别出 CDs 闪烁轨迹的特征，但仍然不能区分闪烁的位置、间隔等。

相比之下，LSTM 网络考虑到时间维度中所包含的信息，这些信息可以记住 burst 的位置、间隔、频率等事件。简而言之，CDs 的闪烁轨迹是荧光强度的上升和下降。LSTM 的第一步是通过 sigmoid 函数识别不需要的以及将从单元格中省略的信息，这个门叫作遗忘门。接下来的步骤是在单元状态中决定并存储来自新输入的信息并更新单元状态。该步骤包含 sigmoid 层和 tanh 层两部分。sigmoid 层决定该新信息是该被更新还是忽略。tanh 函数赋予传递的值权重，决定其重要级别。将这两个值相乘，以更新单元状态。再将这个新记忆添加到旧记忆中。最后，基于输出单元状态，经过筛选输出输出值。

模型的第四部分是将前一层的结果映射到输出的分类中，即模型的分类层，决定 CDs 的数量和 CXCR4 蛋白的寡聚状态。这里的全连接层是一个标准的多层感知器神经网络，用于参数级联的实现。采用 Softmax 函数，能够提供分类结果的后验概率。最后，输出层(模型的第五部分)输出每一类的概率，该数据属于概率最高的那一类。

有文献报道，细胞膜表面上的受体蛋白以单体、二聚体形式存在为主，三聚体、四聚体和五聚体所占的比例非常低，甚至可以忽略。因此，在本文中只考虑五聚体以下的聚集体。为了得到单个 CDs(单体)的数据集，在盖玻片上稀疏地分散 CDs 样品(每 100μm^2约 10 个颗粒)，然后 TIRF 成像。再通过 python 编程，提取到 1000 条闪烁轨迹。然后，将单个 CDs 的轨迹随机组合，构成 2 个、3 个、4 个、5 个 CDs(二聚体、三聚体、四聚体和五聚体)的数据，分别组成其训练数据集(16000 条轨迹)。每条轨迹的信号强度随时间的变化曲线，包括了 2392 个信号点。为了便于计算，将这 2392 个点两个合成一个，取平均，这样便把数据点压缩到每个轨迹 1196 个点。轨迹的背景阈值按照平均值加上三倍的标准偏差设置，最后将所有的用于训练的轨迹数据归一化，再放入模型进行优化。

模型是在完全监督的方式下训练的。根据 Adam 优化器更新原则，采用最小化交叉熵损失函数的方法优化所有的参数(表 4-3)。每一层的所有参数都经过调整、优化，以便于提高模型的准确性和计算效率。优化学习率是 0.1，权值是经过随机正交初始化的。

4.4.2 深度学习模型评估

为了评估模型的准确性，使用训练-验证-检验的方法，将搭建的深度卷积神经网络模型训练了总共 800 epoch。在训练过程中，每个 epoch 中，将数据集按 6∶2∶2，划分为三部分。即 60%的数据集用于模型训练，20%用于模型验证，20%用于模型测试。模型训练与验证的损失、准确率曲线如图 4-6(a)～(b)所示。在前 170 epoch，该模型在验证数据集上准确率达到 91%，400 epoch 后达到 94%以上。在每个 epoch 中，验证集的准确率均高于训练集的，这一结果表明该模型并未过拟合训练数据集。

经过计算、分析混淆矩阵的结果[图 4-7(a)]，可知该模型对单体、二聚体、三聚体、四聚体的识别准确率分别高达 96.3%、98.3%、98.7%、95.7%，表现出了极高的准确度。然而由于聚集程度越大，数据越复杂，对五聚体的识别准确率只有 82.6%[图 4-8(f)]。但是，这并不会严重影响此模型的应用，因为在实际情况中，天然表达的细胞膜上受体蛋白的三聚体及以上的寡聚体几乎不存在。

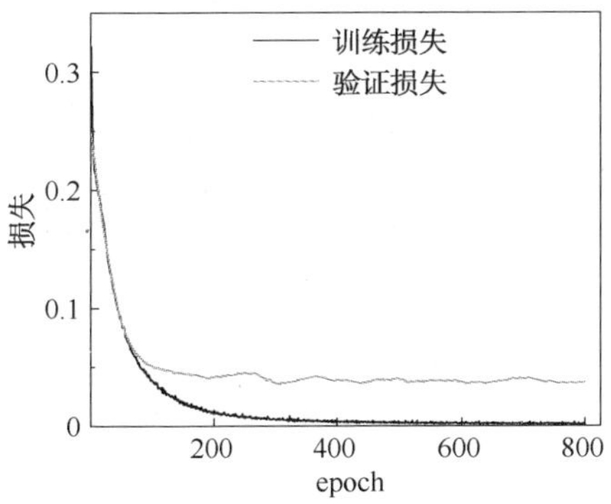

(a)训练和验证的损失曲线
(b)准确率曲线

图 4-6 模型的评估

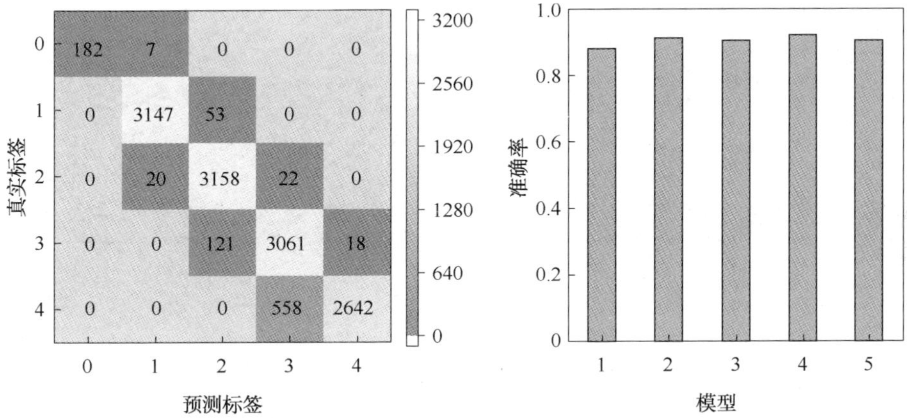

(a)混淆矩阵
(b)五折交叉验证的5个DLCNN模型的准确率

图 4-7 模型的评估结果及准确率比较

模型的鲁棒性也是模型的重要考察指标之一。为了进一步考察所搭建深度学习卷积神经网络的鲁棒性，采用五折交叉验证方法进行了评估，实验结果如图4-7(b)所示，每个模型的准确率都高于 90%，表明所搭建模型的高准确率和稳定性。除第五类外，五折交叉验证的模型对前四类的准确率可达到(95±0.02)%(图4-8)，说明此模型对不同低聚物具有较好的分类能力。

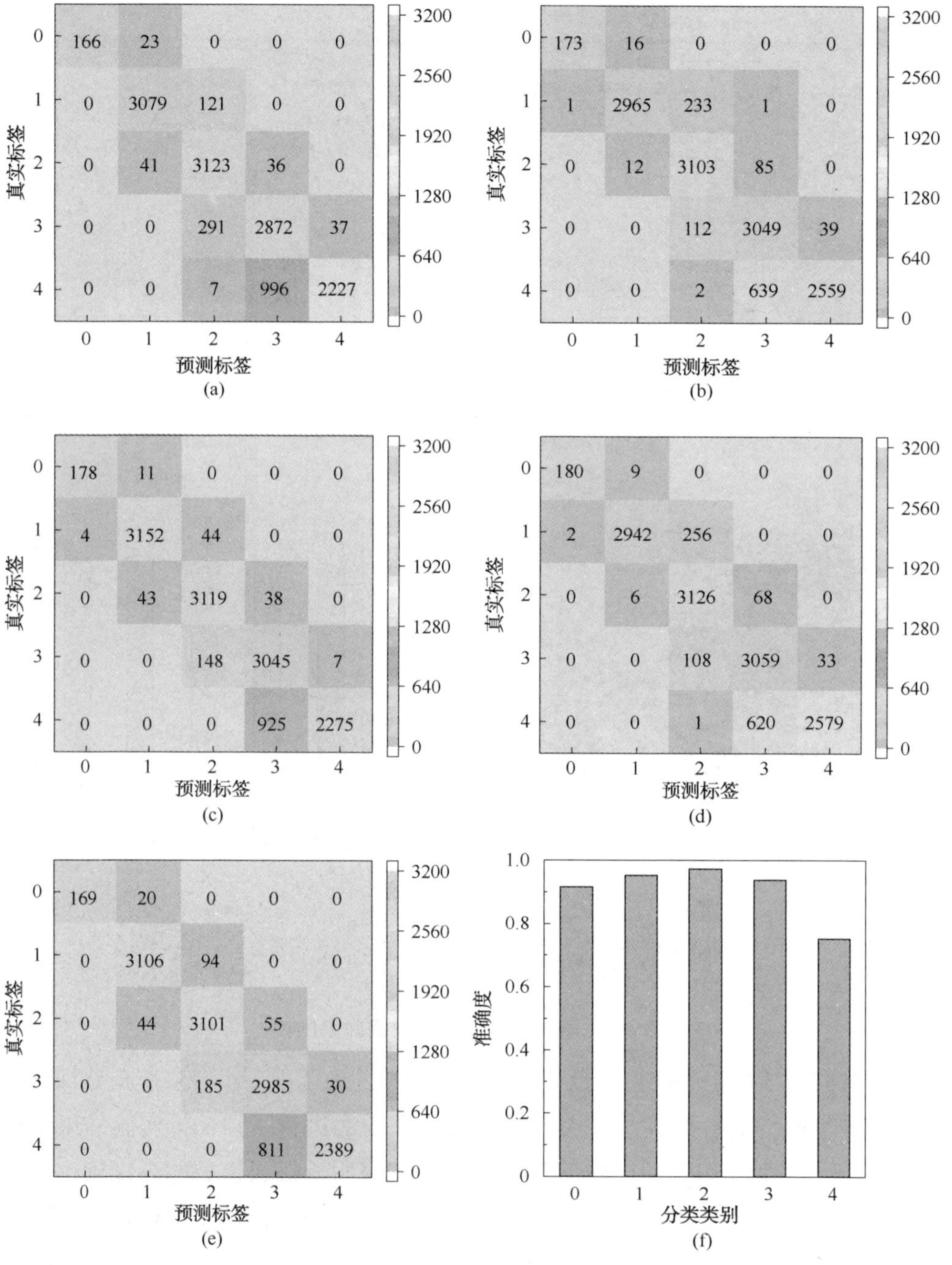

图 4-8 五折交叉验证的 5 个 DLCNN 模型的混淆矩阵及(f) DLCNN 对每类聚集体分类准确率

为了证实所搭建深度学习卷积神经网络模型的优越性，除了以上描述中对模型准确率、鲁棒性、泛化能力的评估，还将其与常见的深度学习模型进行了对比，比如仅含全连接层的简单的感知器网络 FCNN，还有 KNN、LR、RF 和 SVM。通过对这些模型的受试者工作特征曲线下方面积(图 4-9)和混淆矩阵的分析(图 4-10)，发现 DLCNN 的模型准确率是最高的。

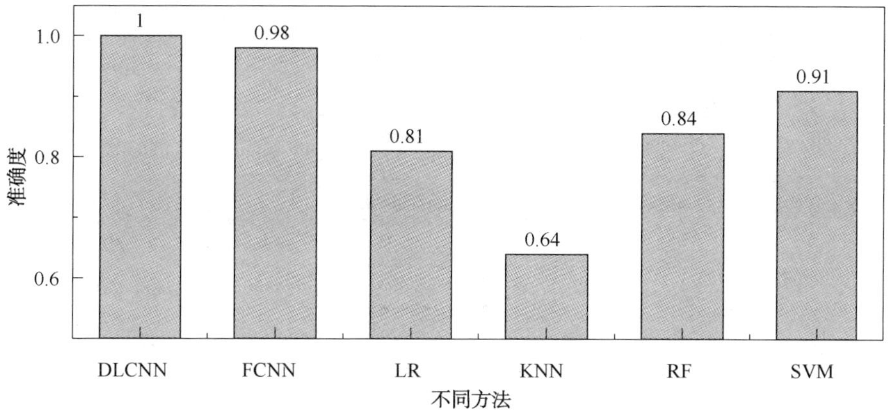

图 4-9　不同模型方法的受试者工作特征曲线下方面积比较

4.4.3　深度学习模型可视化

为了证实构成模型的卷积层、长短时记忆层等的功能，对模型中的部分层进行了可视化，如图 4-11 所示。具体步骤包括：①将原始的闪烁轨迹进行平均，设置阈值，归一化，然后合成各类数据集，再输入模型进行分类；②经过卷积层和最大池化层后，提取了闪烁轨迹的主特征图并将其转换为一些峰值，虽然有少量干扰峰，但特征峰突出且与背景相对应；③将提取的特征图作为 LSTM 层中输入；④经过 LSTM 层后，舍弃掉大部分的矮峰，排除了小峰的干扰；⑤以概率的形式，输出分类结果，即聚集状态类别；该聚集体属于概率最大的那一类。从这些随机选择层的输出结果可视化，可确定模型如我们所设计，能很好地提取碳点闪烁轨迹特征，进而有效地区分受体聚集状态，实现分类。

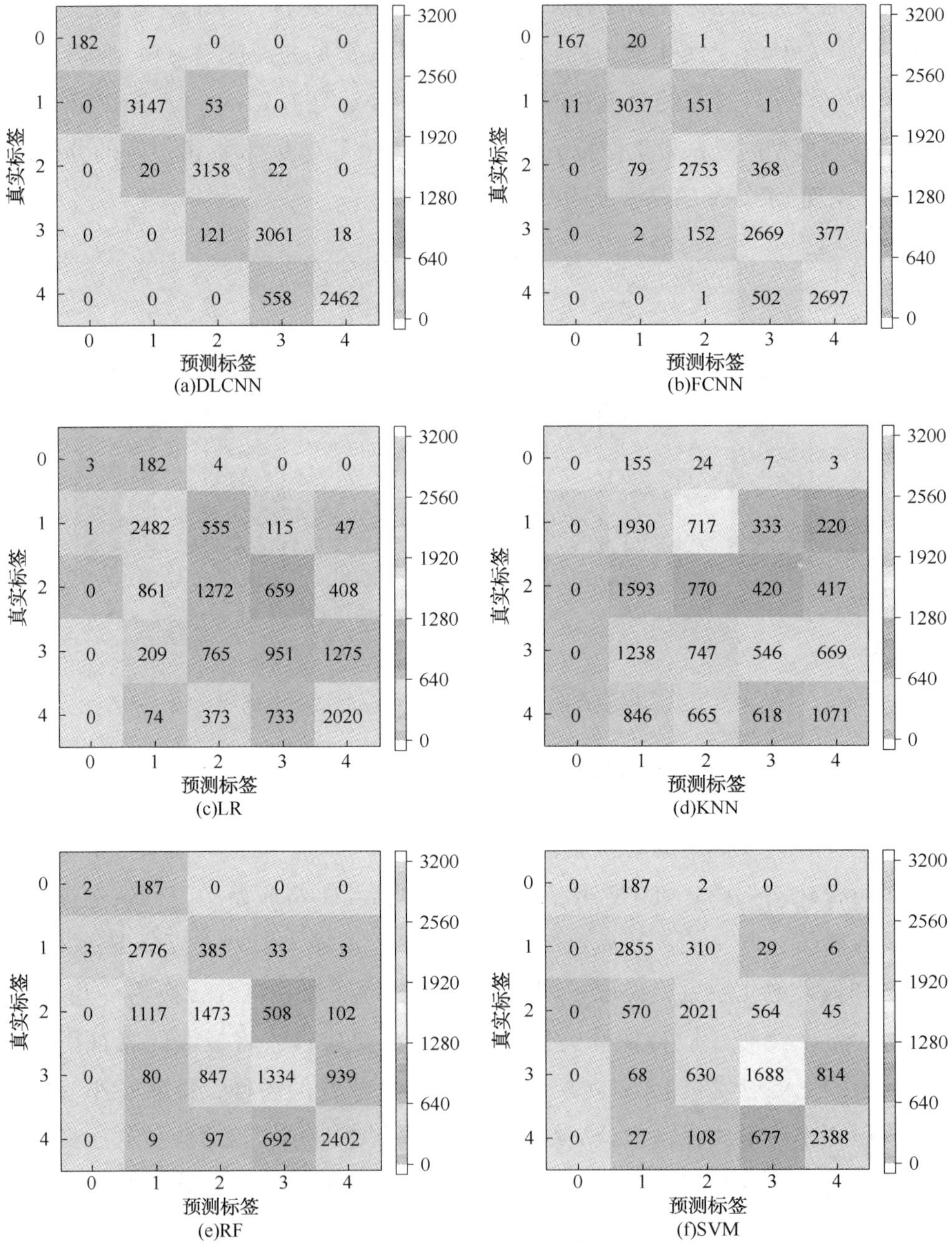

图 4-10　不同模型的混淆矩阵

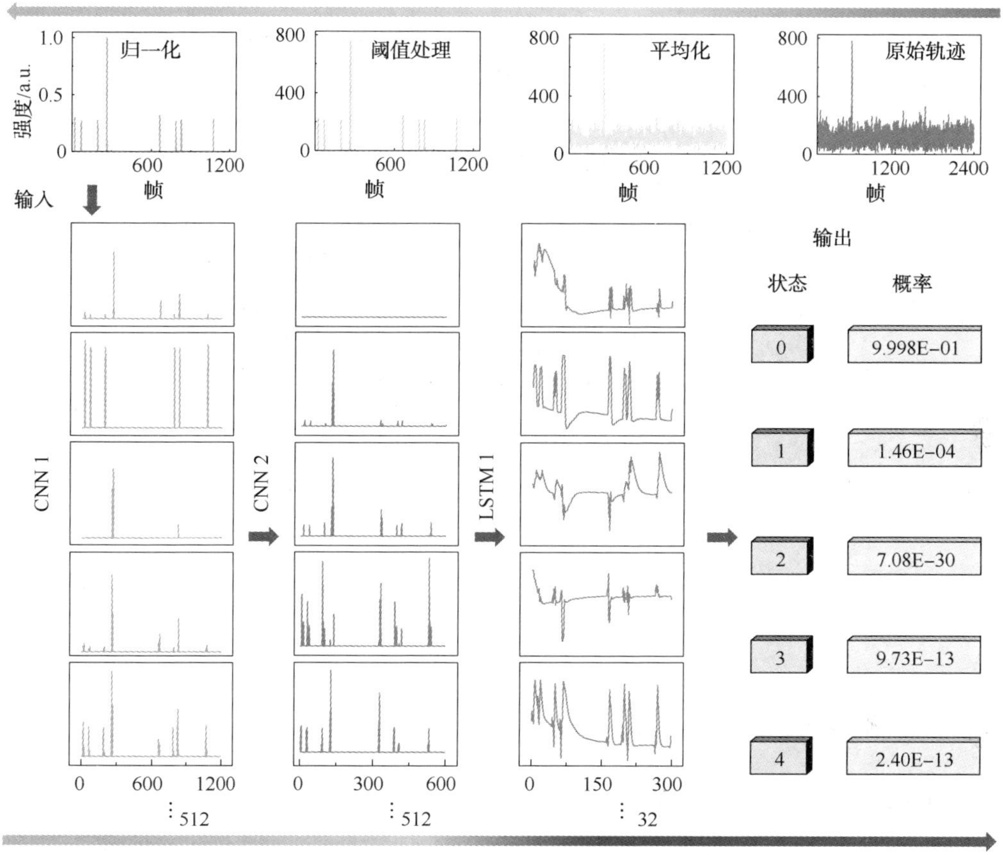

图 4-11　DLCNN 中部分层输出的可视化

4.4.4　模型的 *t*-SNE 验证

为了验证该模型学习到的内部特征向量，使用了一种流行的非线性 *t*-SNE(*t* 分布随机近邻嵌入)降维与可视化技术进行验证。简而言之，*t*-SNE 能够将数据点间的相似程度转换为概率表现出来。在高维空间中转化为基于高斯分布的概率；在嵌入空间中转化为基于 *t* 分布的概率。这种技术将高维点转换为低维点，以再现其接近度，这与相同维数的线性方法相比，描述了更多的数据方差。因此，这种方法在很多领域已经非常流行，比如数据科学、生物信息学、计算语言学。通过控制复杂度的参数统一输出空间中低维点的密度，使视觉上更容易看出分类。如图 4-12 所示，DLCNN 模型最后一个全连接层输出 512 维，经过 t-SNE 降维可视化后，将其输出到三维中，可以将不同的闪烁轨迹聚类到不同的组，同时也反映出该模型所提取的特征向量对数据分类是很有效的。

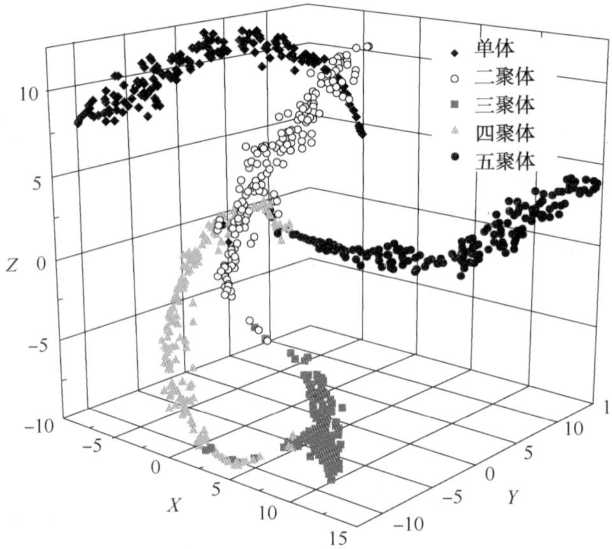

图 4-12　用于聚集体分析的 DLCNN 模型最后一个全连接层输出特征向量的 t-SNE 可视化(189 个样本，不同颜色代表不同的聚集状态)

4.4.5　CXCR4 的聚集

为了证明该模型的应用潜力，将该模型应用于细胞膜上趋化因子受体 CXCR4 的具体聚集状态的分析。CXCR4 是 GPCR 中 A 家族的重要成员。在造血、中性粒细胞稳态和淋巴细胞运输中与其配体会形成关键的组合对。与其他受体蛋白(如 $GABAB_2$受体、β_1-肾上腺素能受体、N-甲酰肽受体与 M_1毒蕈碱受体)一样，也会形成异源和同源蛋白二聚体，以及三聚体复合物。然而，由于现有的单分子荧光成像方法在很大程度上依赖于人工单分子识别进行统计分析，尤其是进行大量的数据统计，对于用户依赖的期望偏差来说，这是一项劳动密集且容易出错的任务。为此，将应用所发展的深度学习自动识别碳点的闪烁以实现受体聚集状态分析，进而详细研究 CXCR4 在 Hela 细胞膜上的组织形式及调控。

为了确保 CXCR4 表达在细胞膜上而不是在细胞质中，将 EGFP 融合 CXCR4 的质粒转染到 Hela 细胞中，并采用共聚焦荧光显微镜进行观察，如图 4-13 所示。然后，将 Hela 细胞膜上天然表达的 CXCR4 用抗体片段 Fab 偶联的 CDs 进行特异性标记。在此之前，采用荧光相关光谱 FCS 对 Fab-CDs 进行表征并证实 Fab 与 CDs 的标记比例为 1∶1。经比较有无一抗 Fab 的成像结果（图 4-14），可以很明显地发现非特异性结合到细胞膜上的 GQD 非常稀疏［图 4-14（a）~（b）］。将所拍摄的图像序列经过 image J 软件的渲染［图 4-14（c）~（d）］进一步证明了 Fab-CDs 在细胞膜上对 CXCR4 受体蛋白的特异性标记，并显示出高标记效率。

图 4-13　转染表达在 Hela 细胞膜上的 CXCR4-EGFP 的共聚焦图片（EGFP 是 488nm 激光激发）

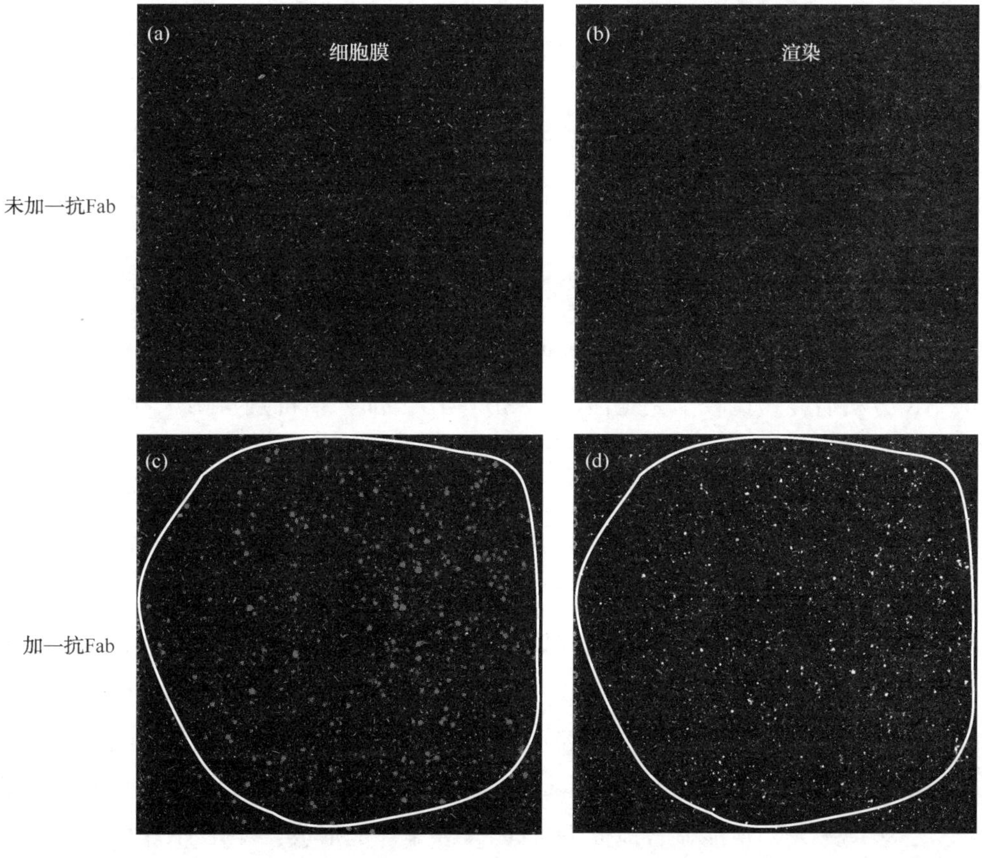

图 4-14　不同条件下的 Hela 细胞膜［（a）~（b）无 CXCR4 的 Fab 条件下，（c）~（d）有 CXCR4 的 Fab 条件下，CDs 染色细胞］

通过采用所创建的、基于碳点爆发性闪烁轨迹自动识别碳点数量的快速且准确深度学习辅助单颗粒荧光成像技术，成功分析了细胞膜上 CXCR4 的聚集状态，实验结果表明 CXCR4 在静息状态下单体比例占 87.3%，二聚体比例占 12.4%，而三聚体的占比不足 1%。四聚体与五聚体等更高阶寡聚体根本不存在(图 4-15)。这一结果与文献报道及本课题组 Lao 等采用漂白阶数计数法获得的结果一致，细胞膜上天然表达的 CXCR4 受体蛋白主要以单体和二聚体形式存在，其他更高寡聚体几乎不存在。

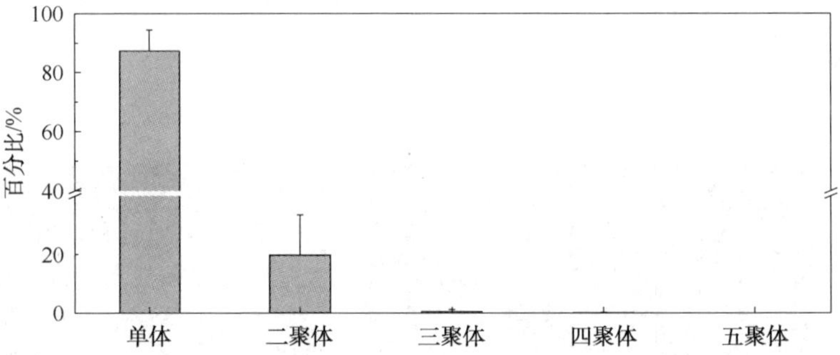

图 4-15　静息状态下细胞膜上 CXCR4 的聚集分布

4.4.6　CXCR4 聚集的调控

迄今为止，GPCR 聚集状态总被认为与其信号功能密切有关。因此，利用 DLCNN 方法研究、比较了完全激动剂 SDF-1α、部分拮抗剂 AMD3100 刺激后对 CXCR4 的聚集状态的调控。为了证明激动剂与 Fab-CDs 不会竞争结合位点，首先用 PFA 固定 CXCR4 过表达细胞，然后对比了有、无 CXCR4 的天然配体 SDF-1α预培养条件下，Fab-CDs 标记细胞的荧光差异。经过对比，发现两种条件下采集到的细胞的荧光图片，几乎不存在差异，直接表明 CXCR4 配体和抗体之间没有竞争，此结果与之前的文献报道一致。经过采用所搭建的基于 CDs 闪烁的 DLCNN 方法，发现经过 SDF-1α[图 4-16(a)]和 AMD3100[图 4-16(b)]处理的细胞，二聚体和三聚体的比例随着刺激物浓度的增加而增加。在 1μM SDF-1α 的刺激下，CXCR4 单体的比例下降到 83.1%，比相同浓度的 AMD3100 降低了 6.5%，表明 SDF-1α 能显著地促进 CXCR4 寡聚体的形成，AMD3100 可轻微地促进 CXCR4 寡聚体的形成。由此可知，激动剂可以有效地调节细胞膜上 CXCR4 的寡聚状态，但不同类型激动剂的调节程度不同。这些现象和结果证实了之前关于配体调控的 CXCR4 寡聚状态的结论，而且这种激动剂诱导的调控可能与 GPCRs 二聚/寡聚体形成的机制密切相关。

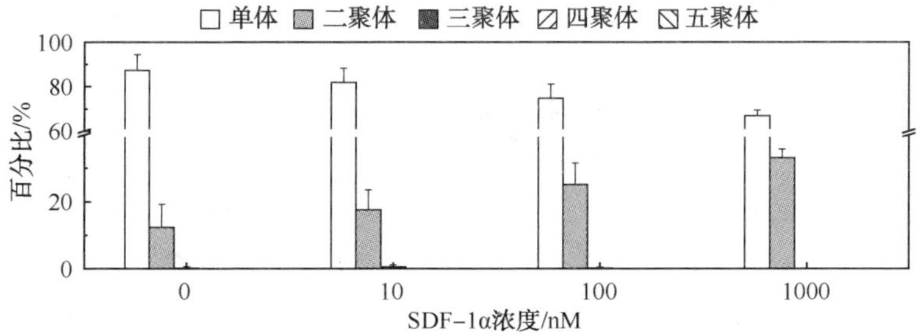

(a)SDF-1α

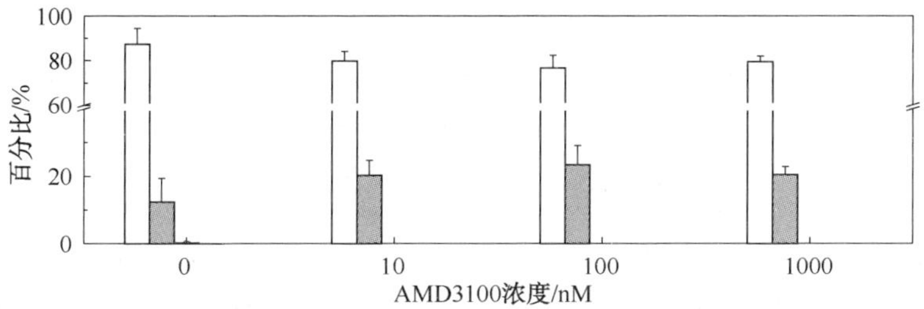

(b)AMD3100

图 4-16　不同浓度激动剂对细胞膜上 CXCR4 聚集状态的影响

4.4.7　CXCR4 聚集机制探究

为了探究控制寡聚体形成的机制，试图通过改变膜的性质来考察。具体来说，首先探索了胆固醇在受体寡聚化中的作用。胆固醇是哺乳动物细胞膜组成的重要部分，在细胞膜组织中发挥着重要功能。据文献报道，富含胆固醇的液态有序脂质结构域“脂筏”的存在与蛋白质簇的组织有关，胆固醇可以通过特定的直接相互作用调节 GPCR 的功能特性。通过使用甲基-β-环糊精，从细胞膜中快速提取胆固醇并破坏脂筏。实验结果表明，这种处理并没有改变 CXCR4 的寡聚状态，这表明受体寡聚并不依赖于脂筏完整性，从而排除了 CXCR4 聚集体形成与脂筏相关的可能性。

最近研究表明，肌动蛋白细胞骨架的稳定性会影响 GPCR 信号转导。位于细胞膜正下方的细胞骨架的主要组成是肌动蛋白，与其他的细胞骨架中间体一起作用，共同限制对膜蛋白的流动性。为了评估肌动蛋白细胞骨架对 CXCR4 聚集状态的影响与否，利用 2μM 细胞松弛素 D 处理细胞，将其与细胞共孵育 30min。如图 4-17 和图 4-18 所示，CXCR4 的寡聚状态明显降低，其中单体的百分比增加，而其他聚集体减少，结果表明了肌动蛋白细胞骨架在受体聚集中发挥着重要作用。

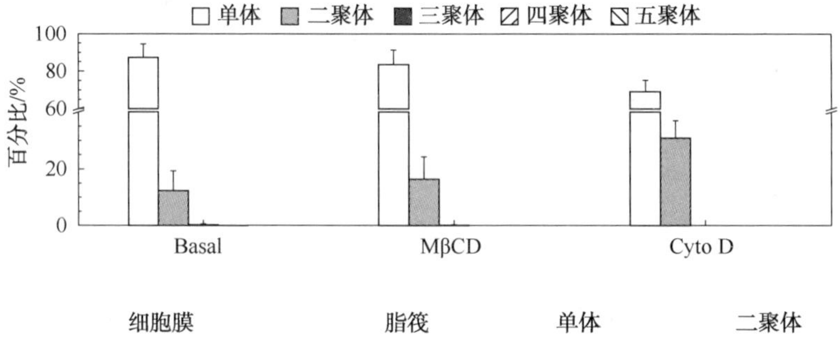

图 4-17　清除胆固醇或破坏肌动蛋白细胞骨架后
Hela 细胞膜上 CXCR4 聚集状态的分析

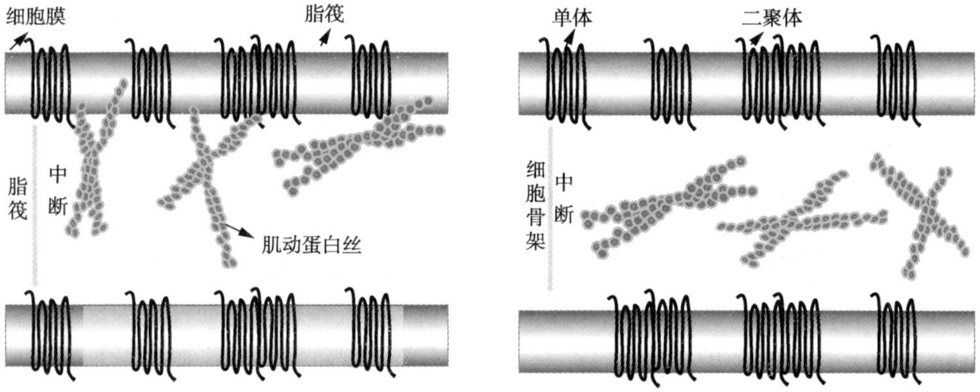

图 4-18　受体聚集形成机制的示意图

4.5　本章小结

为了实现受体蛋白聚集状态的准确且快速具体地分析，本章基于 CDs 的爆发性闪烁，搭建并训练了一个由卷积层、池化层、长短时记忆层及全连接层组成的复杂的多层神经网络模型算法，评估了模型的准确率、稳定性，比较了模型的优越性，发展了一种新型的可以快速且准确地区分不同数量 CDs 闪烁的深度学习辅助的单分子荧光成像技术，利用该技术分析了 CXCR4 在细胞膜上的聚集状态，探讨了不同刺激下 CXCR4 的调控和形成机制。实验结果表明，CXCR4 在 Hela 细胞膜上主要以单体形式存在，仅存在很少的二聚体和高阶寡聚体。激动剂可以有效调控 CXCR4 的聚集状态，而 CXCR4 的聚集在肌动蛋白破坏后明显降低，表明肌动蛋白细胞骨架在受体蛋白聚集中发挥着重要作用。

结　论

G 蛋白偶联受体作为重要的药物靶点，近几年在其三维结构及激活状态的研究方面取得了巨大的进步。然而，有关细胞表面的行为，包括其扩散、聚集状态、相互作用及与下游信号传导的关系，仍知之甚少。尽管 C 家族 GPCR 已经被公认为会形成组成型受体聚集体，而 A 家族的蛋白有关聚集的研究报道却凤毛麟角。CXCR4 是 A 家族的重要成员，其在肿瘤的生长、侵袭和转移中扮演着重要角色。然而，由于目前系综研究技术的局限及单分子荧光成像技术的缺陷，CXCR4 在细胞膜上经历的一系列动态过程、聚集状态及调控尚不清楚。配体对其运动和聚集的影响，聚集与下游内化信号转导之间的关系及受体聚集体的形成机制仍有待研究。

为了改善技术所存在的缺陷并解决 CXCR4 存在的问题，本书首先针对目前荧光标记物因存在易漂白、闪烁，难以实现膜蛋白长时间跟踪的问题，设计、合成了一种非闪烁的高稳定性荧光碳点，表征了该碳点的各种物理、化学、光学性质，讨论了其不闪烁的原因，评估了细胞毒性，并将其应用于细胞成像，同时将其与抗体结合，特异性标记细胞膜上 CXCR4 受体，实现了膜蛋白的长时间跟踪，探究了受体蛋白在细胞膜上的运动状况及配体诱导受体激活过程中 CXCR4 的扩散动力学的变化。结果表明该碳点具有很好的光稳定性，独特的不闪烁特性及极低的细胞毒性，在细胞成像和长时间追踪受体运动和聚集方面具有很大的应用潜力，并初步证实配体可以诱导受体的聚集。

虽然不闪烁碳点可以实时且长时间追踪受体蛋白的运动状态，但是整个示踪过程复杂、烦琐，在动态的非均质的细胞膜系统上执行起来很有难度。为此，为了提高单分子荧光成像技术研究受体蛋白聚集的准确率，快速且实时追踪受体单体与聚集体之间的动态过程及下游信号转导，本书搭建、训练了一种由卷积层、最大池化层和全连接层构成的卷积神经网络深度学习模型，评估了该模型的准确率、泛化能力等，验证了该模型的可靠性，发展出了一种快速且准确率高于 98% 的深度学习辅助单分子成像的方法，实现了受体蛋白单体与复合物的准确识别，实时跟踪了单分子水平上受体蛋白的相互作用，详细研究了细胞膜上CXCR4蛋白在配体刺激前后受体运动、聚集状态的变化以及下游内化信号传导过程的差异。结果进一步表明，在配体刺激后，CXCR4 会经历形成受体复合物的动态过程。CXCR4 复合物的形成不受受体内化通路的阻断，这更可能归因于配体调控下的化学聚合。另外，CXCR4 复合物倾向于通过网格蛋白依赖性途径，以比单体高1.5 倍的速度被内化到细胞内部。

尽管搭建的卷积神经网络在识别受体单体与复合物及实时追踪受体蛋白动态过程中表现出极好的优越性，但该技术并不能明确分析受体蛋白的具体聚集。为此，为了实现受体蛋白在时间、空间上聚集状态的具体分析，并探究聚集形成机制。本书基于碳点爆发性闪烁特点，将卷积神经网络、长短时记忆网络与全连接网络结合起来，设计并搭建了一个多层神经网络的深度学习模型，发展了一个可以快速且准确地区分不同数量碳点闪烁的深度学习技术，评估并验证了该技术的准确率，利用该技术深入分析了 CXCR4 在细胞膜上的具体聚集状态问题，探究了不同刺激下 CXCR4 的调控和形成机制。研究发现，CXCR4 在 Hela 细胞膜上主要以单体形式存在，仅存在很少的二聚体和高阶寡聚体。激动剂可以有效调控CXCR4 的聚集状态。CXCR4 的聚集在肌动蛋白破坏后明显降低，表明肌动蛋白细胞骨架在受体组装中发挥着重要作用。

综上所述，本书不仅发展了一种优越的荧光探针，解决了因标记物易漂白、会闪烁的缺点而不宜受体蛋白长时间实时示踪的瓶颈难题，也发展出了两种快速且准确的深度学习辅助的单颗粒荧光成像技术，实现了受体蛋白扩散、聚集动态过程的实时追踪，分析了受体蛋白具体的聚集状态，证实了受体聚集体的存在及配体诱导受体聚集的事实，同时阐明了受体蛋白聚集的形成机制与肌动蛋白细胞骨架密切相关。希望该新型不闪烁探针及这些技术将会被广泛应用于更多蛋白家族的研究，以阐明其生理和病理功能，并指导新型药物的设计与开发。

参 考 文 献

[1] Kroeger K M, Pfleger K D G, Eidne K A. G-protein coupled receptor oligomerization in neuroendocrine pathways[J]. Frontiers in Neuroendocrinology, 2003, 24(4): 254-278.

[2] Terrillon S, Bouvier M. Roles of G-protein-coupled receptor dimerization[J]. EMBO Reports, 2004, 5(1): 30-34.

[3] Bouvier M. Oligomerization of G-protein-coupled transmitter receptors[J]. Nature Reviews Neuroscience, 2001, 2: 274-286.

[4] James J R, Oliveira M I, Carmo A M, et al. A rigorous experimental framework for detecting protein oligomerization using bioluminescence resonance energy transfer[J]. Nature Methods, 2006, 3(12): 1001-1006.

[5] Probst W C, Snyder L A, Schuster D I, et al. Sequence alignment of the G-protein coupled receptor superfamily[J]. DNA and Cell Biology, 1992, 11(1): 1-20.

[6] Fredriksson R, Schioth H B. The repertoire of G-protein-coupled receptors in fully sequenced genomes[J]. Molecular Pharmacology, 2005, 67(5): 1414-1425.

[7] Ji T H, Grossmann M, Ji I G protein-coupled receptors. I. Diversity of receptor-ligand interactions[J]. Journal of Biological Chemistry, 1998, 273(28): 17299-17302.

[8] Bockaert J, Pin J P. Molecular tinkering of G protein-coupled receptors: an evolutionary success[J]. EMBO Journal, 1999, 18(7): 1723-1729.

[9] Wei H, Ahn S, Shenoy S K, et al. Independent β-arrestin 2 and G protein-mediated pathways for angiotensin II activation of extracellular signal-regulated kinases 1 and 2[J]. Proceedings of the National Academy of Sciences of the United States of America, 2003, 100 (19): 10782-10787.

[10] Hunyady L, Catt K J. Pleiotropic AT1 receptor signaling pathways mediating physiological and pathogenic actions of angiotensin II[J]. Molecular Endocrinology, 2006, 20(5): 953-970.

[11] Rengo G, Perrone-Filardi P, Femminella G D, et al. Targeting the beta-adrenergic receptor system through G-protein-coupled receptor kinase 2: a new paradigm for therapy and prognostic evaluation in heart failure: from bench to bedside[J]. Circulation Heart Failure, 2012, 5(3): 385-391.

[12] Tyndall J D A, Sandilya R. GPCR agonists and antagonists in the clinic[J]. Medicinal Chemistry, 2005, 1: 405-421.

[13] Jacoby E, Bouhelal R, Gerspacher M, et al. The 7 TM G-protein-coupled receptor target family[J]. ChemMedChem, 2006, 1(8): 761-782.

[14] Chhabirani M, G C M., Michael C, et al. Identification of adenylate cyclase-coupled beta-adrenergic receptors in frog erythrocytes with (minus)-[^{3}-H] alprenolol[J]. Journal of Biological Chemistry, 1975, 250(13): 4869-4876.

[15] Limbird L E, Lefkowitz R J. Negative cooperativity among β-adrenergic receptors in frog erythrocyte membranes[J]. Journal of Biological Chemistry, 1976, 251(16): 5007-5014.

[16] Agnati L F, Fuxe K, Zoli M, et al. New vistas on synaptic plasticity: the receptor mosaic hypothesis of the engram [J]. Medical Biology, 1982, 60(4): 183-190.

[17] Fisch J D, Keskintepe L, Sher G. Gonadotropin - releasing hormone agonist/antagonist conversion with estrogen priming in low responders with prior in vitro fertilization failure[J]. Fertility and Sterility, 2008, 89(2): 342-347.

[18] Maggio R, Vogel Z, Wess J. Coexpression studies with mutant muscarinic adrenergic receptors provide evidence for intermolecular cross-talk between G-protein-linked receptors[J]. Proceedings of the National Academy of Sciences of the United States of America, 1993, 90: 3103-3107.

[19] Milligan G, Bouvier M. Methods to monitor the quaternary structure of G protein-coupled receptors[J]. FEBS Journal, 2005, 272(12): 2914-2925.

[20] Calebiro D, Rieken F, Wagner J, et al. Single-molecule analysis of fluorescently labeled G-protein-coupled receptors reveals complexes with distinct dynamics and organization[J]. Proceedings of the National Academy of Sciences of the United States of America, 2013, 110(2): 743-748.

[21] Möller J, Isbilir A, Sungkaworn T, et al. Single-molecule analysis reveals agonist-specific dimer formation ofμ-opioid receptors[J]. Nature Chemical Biology, 2020, 16(9): 946-954.

[22] Schonenbach N S, Hussain S, O'Malley M. A. Structure and function of G protein-coupled receptor oligomers: implications for drug discovery[J]. Wiley Interdisciplinary Reviews: Nanomedicine and Nanobiotechnology, 2015, 7(3): 408-427.

[23] Pomeraniec L, Hector-Greene M, Ehrlich M, et al. Regulation of TGF-β receptor hetero-oligomerization and signaling by endoglin[J]. Molecular Biology of the Cell, 2015, 26(17): 3117-3127.

[24] Sahlholm K, Gómez-Soler M, Valle-León M, et al. Antipsychotic-like efficacy of dopamine D_2 receptor-biased ligands is dependent on adenosine A_{2A} receptor expression[J]. Molecular Neurobiology, 2018, 55(6): 4952-4958.

[25] Ferre S, Casado V, Devi L A, et al. G protein-coupled receptor oligomerization revisited: functional and pharmacological perspectives[J]. Pharmacological Reviews, 2014, 66(2): 413-434.

[26] Bacart J, Corbel C, Jockers R, et al. The BRET technology and its application to screening assays[J]. Biotechnology Journal, 2008, 3(3): 311-324.

[27] Jonas K C, Huhtaniemi I, Hanyaloglu A C. Single-molecule resolution of G protein-coupled receptor (GPCR) complexes[J]. Methods in Cell Biology, 2016, 132: 55-72.

[28] Kudalkar E M, Davis T N, Asbury C L. Single-molecule total internal reflection fluorescence microscopy[J]. Cold Spring Harbor Protocols, 2016, 5: 435-438.

[29] Lilly L, Fraser C M, Jung C Y, et al. Molecular size of the canine and human brain D2 dopamine receptor as determined by radiation inactivation[J]. Molecular Pharmacology, 1983, 24: 10-14.

[30] Gredal O, Nielsen M. Binding of [3H] SKF 38393 to dopamine d-1 receptors in rat striatum in vitro; estimation of receptor molecular size by radiation inactivation[J]. Journal of Neurochemistry, 1987, 48(2): 370-375.

[31] Stanasila L, Perez J B, Vogel H, et al. Oligomerization of the α1a-and α1b-adrenergic receptor subtypes: potential implications in receptor internalization[J]. Journal of Biological Chemistry, 2003, 278(41): 40239-40251.

[32] Carrillo J J, Pediani J, Milligan G. Dimers of class A G protein-coupled receptors function via agonist-mediated trans-activation of associated G proteins[J]. Journal of Biological Chemistry, 2003, 278(43): 42578-42587.

[33] George S R, Fan T, Xie Z, et al. Oligomerization of μ-and δ-opioid receptors: generation of novel functional properties[J]. Journal of Biological Chemistry, 2000, 275(34): 26128-26135.

[34] Hebert T E, Moffett S, Morello J.-P, et al. A peptide derived from a β_2-adrenergic receptor transmembrane domain inhibits both receptor dimerization and activation[J]. Journal of Biological Chemistry, 1996, 271(27): 16384-16392.

[35] Hillion J, Canals M, Torvinen M, et al. Coaggregation, cointernalization and codesensitization of adenosine A_{2A} receptors and dopamine D_2Receptors[J]. Journal of Biological Chemistry, 2002, 277(20): 18091-18097.

[36] Chakraborty H, Chattopadhyay A. Excitements and challenges in GPCR oligomerization: molecular insight from FRET[J]. ACS Chemical Neuroscience, 2015, 6(1): 199-206.

[37] Stryer L. Fluorescence energy transfer as a spectroscopic ruler[J]. Annual Review of Biochemistry, 1978, 47(1): 819-846.

[38] Weiss S. Fluorescence spectroscopy of single biomolecules[J]. Science, 1999, 283(5408): 1676-1683.

[39] Ishii Y, Yoshida T, Funatsu T, et al. Fluorescence resonance energy transfer between single fluorophores attached to a coiled-coil protein in aqueous solution[J]. Chemical Physics, 1999, 247: 163-173.

[40] Ha T, Enderle T, Ogletree D, et al. Probing the interaction between two single molecules: fluorescence resonance energy transfer between a single donor and a single acceptor[J]. Proceedings of the National Academy of Sciences of the United States of America, 1996, 93(13): 6264-6268.

[41] Truong K, Ikura M. The use of FRET imaging microscopy to detect protein-protein interactions and protein conformational changes in vivo[J]. Current Opinion in Structural Biology, 2001, 11(5): 573-578.

[42] Tsien R Y. The green fluorescent protein[J]. Annual Review of Biochemistry, 1998, 67(1): 509-544.

[43] Keppler A, Gendreizig S, Gronemeyer T, et al. A general method for the covalent labeling of fusion proteins with small molecules in vivo[J]. Nature Biotechnology, 2003, 21(1): 86-89.

[44] Maurel D, Comps-Agrar L, Brock C, et al. Cell-surface protein-protein interaction analysis with time-resolved FRET and snap-tag technologies: application to GPCR oligomerization[J]. Nature Methods, 2008, 5(6): 561-567.

[45] Kitamura A, Kinjo M. State-of-the-art fluorescence fluctuation-based spectroscopic techniques for the study of protein aggregation[J]. International Journal of Molecular Sciences, 2018, 19 (964): 1-18.

[46] Magde D, Elson E, Webb W W. Thermodynamic fluctuations in a reacting system-measurement by fluorescence correlation spectroscopy[J]. Physical Review Letters, 1972, 29(11): 705-708.

[47] Elson E L, Magde D. Fluorescence correlation spectroscopy I Conceptual basis and theory[J]. Biopolymers, 1974, 13(1): 1-27.

[48] Magde D, Elson E L, Webb W W. Fluorescence correlation spectroscopy Ⅱ An experimental realization[J]. Biopolymers, 1974, 13 (1): 29-61.

[49] Webb W W. Applications of fluorescence correlation spectroscopy[J]. Quarterly Reviews of Biophysics, 1976, 9(1): 49-68.

[50] Haustein E, Schwille P. Fluorescence correlation spectroscopy: novel variations of an established technique[J]. Annual Review of Biophysics and Biomolecular Structure, 2007, 36: 151-169.

[51] Eigen M, Rigler R. Sorting single molecules: application to diagnostics and evolutionary biotechnology[J]. Proceedings of the National Academy of Sciences of the United States of America, 1994, 91(13): 5740-5747.

[52] Rauer B, Neumann E, Widengren J, et al. Fluorescence correlation spectrometry of the interaction kinetics of tetramethylrhodamin α-bungarotoxin with Torpedo californica acetylcholine receptor[J]. Biophysical Chemistry, 1996, 58(1): 3-12.

[53] Haupts U, Maiti S, Schwille P, et al. Dynamics of fluorescence fluctuations in green fluorescent protein observed by fluorescence correlation spectroscopy[J]. Proceedings of the National Academy of Sciences of the United States of America, 1998, 95 (23): 13573-13578.

[54] Schwille P, Haupts U, Maiti S, et al. Molecular dynamics in living cells observed by fluorescence correlation spectroscopy with one-and two-photon excitation [J]. Biophysical Journal 1999, 77: 2251-2265.

[55] Singh A P, Wohland T. Applications of imaging fluorescence correlation spectroscopy[J]. Current Opinion in Chemical Biology, 2014, 20: 29-35.

[56] Garcia-Saez A J, Schwille P. Fluorescence correlation spectroscopy for the study of membrane dynamics and protein/lipid interactions[J]. Methods, 2008, 46(2): 116-122.

[57] Golebiewska U, Johnston J M, Devi L, et al. Differential response to morphine of the oligomeric state of μ-opioid in the presence of δ-opioid receptors[J]. Biochemistry, 2011, 50(14): 2829-2837.

[58] Herrick-Davis K, Grinde E, Cowan A, et al. Fluorescence correlation spectroscopy analysis of serotonin, adrenergic, muscarinic, and dopamine receptor dimerization: the oligomer number puzzle[J]. Molecular Pharmacology, 2013, 84(4): 630-642.

[59] Moerner W E, Kador L. Optical detection and spectroscopy of single molecules in a solid[J]. Physical Review Letters, 1989, 62(21): 2535-2538.

[60] Orrit M, Bernard J. Single pentacene molecules detected by fluorescence excitation in a p-terphenyl crystal[J]. Physical Review Letters, 1990, 65(21): 2716-2719.

[61] Betzig E, Chichester R J. Single molecules observed by near-field scanning optical microscopy [J]. Science, 1993, 262: 1422-1425.

[62] Funatsu T, Harada Y, Tokunaga M, et al. Imaging of single fluorescent molecules and individual ATP turnovers by single myosin molecules in aqueous solution[J]. Nature, 1995, 374(6522): 555-559.

[63] Sako Y, Minoghchi S, Yanagida T. Single-molecule imaging of EGFR signalling on the surface of living cells[J]. Nature Cell Biology, 2000, 2(3): 168-172.

[64] He H, Wang X, Huang F. Analysis and applications of single-molecule fluorescence in live cell membranes[M]. Springer, 2018.

[65] Tokunaga M, Kitamura K, Iwane A H, et al. Single molecule imaging of fluorophores and enzymatic reactions achieved by objective-type total internal reflection fluorescence microscopy[J]. Biochemical and Biophysical Research Communication, 1997, 235: 47-53.

[66] Axelrod D. Selective imaging of surface fluorescence with very high aperture microscope objectives[J]. Journal of Biomedical Optics, 2001, 6(1): 6-13.

[67] Axelrod D. Cell-substrate contacts illuminated by total internal reflection fluorescence[J]. Journal of Cell Biology, 1981, 89(1): 141-145.

[68] Stout A L, Axelrod D. Evanescent field excitation of fluorescence by epi-illumination microscopy [J]. Applied Optics 1989, 28(24): 5237-5242.

[69] Sako Y, Yanagida T. Single-molecule visualization in cell biology[J]. Nature Reviews 2003, SS1: ss1-ss5.

[70] Shen C, Knapp M, Puchinger M G, et al. Using fluorescence correlation spectroscopy (FCS) for IFN-g detection: a preliminary study[J]. Journal of Immunological Methods, 2014, 407: 35-39.

[71] Li X, Wang X, Yang Y, et al. Single-molecule analysis of PIP2; 1 dynamics and partitioning reveals multiple modes of Arabidopsis plasma membrane aquaporin regulation[J]. The Plant Cell, 2011, 23(10): 3780-3797.

[72] Ulbrich M H, Isacoff E Y. Subunit counting in membrane-bound proteins[J]. Nature Methods,

2007, 4(4): 319-321.

[73] Zhang W, Jiang Y, Wang Q, et al. Single-molecule imaging reveals transforming growth factor-β-induced type II receptor dimerization[J]. Proceedings of the National Academy of Sciences of the United States of America, 2009, 106(37): 15679-15683.

[74] Zhang M, He K, Wu J, et al. Single-molecule imaging reveals the stoichiometry change of epidermal growth factor receptor during transactivation by β 2-adrenergic receptor[J]. Science China Chemistry, 2017, 60(10): 1310-1317.

[75] Song Y, Ge B, Lao J, et al. Regulation of the oligomeric status of CCR3 with binding ligands revealed by single-molecule fluorescence imaging[J]. Biochemistry, 2018, 57(5): 852-860.

[76] Ge B, Lao J, Li J, et al. Single-molecule imaging reveals dimerization/oligomerization of CXCR4 on plasma membrane closely related to its function[J]. Scientific Reports, 2017, 7: 1-9.

[77] Manzo C, Garcia-Parajo M F. A review of progress in single particle tracking: from methods to biophysical insights[J]. Reports on Progress in Physics, 2015, 78(12): 124601.

[78] Schütz G, Schindler H, Schmidt T. Single-molecule microscopy on model membranes reveals anomalous diffusion[J]. Biophysical journal, 1997, 73(2), 1073-1080.

[79] J S G, H S, Th S. An artificial lipid bilayer formed on an agarose-coated glass for simultaneous electrical and optical measurement of single ion channels[J]. Biochemical and Biophysical Research Communications, 1999, 265(2): 595-599.

[80] Baba K, Nishida K. Single-molecule tracking in living cells using single quantum dot applications[J]. Theranostics, 2012, 2(7): 655-667.

[81] Kasai R S, Ito S V, Awane R M, et al. The class-A GPCR dopamine D2 receptor forms transient dimers stabilized by agonists: detection by single-molecule tracking[J]. Cell Biochemistry and Biophysics, 2018, 76(1): 29-37.

[82] Schmidt T, Schütz G, Baumgartner W, et al. Imaging of single molecule diffusion [J]. Proceedings of the National Academy of Sciences of the United States of America, 1996, 93(7): 2926-2929.

[83] Hell S W, Wichmann J. Breaking the diffraction resolution limit by stimulated emission stimulated-emission-depletion fluorescencemicroscopy[J]. Optics Letters, 1994, 19(11): 780-782.

[84] Rust M J, Bates M, Zhuang X. Sub-diffraction-limit imaging by stochastic optical reconstruction microscopy (STORM)[J]. Nature Methods, 2006, 3(10): 793-795.

[85] Hell S W, Wichmann J. Breaking the diffraction resolution limit by stimulated emission: stimulated-emission-depletion fluorescence microscopy[J]. Optics Letters, 1994, 19(11): 780-782.

[86] 刘旭. 荧光碳基纳米材料的合成及其在生物成像中的应用[D]. 青岛: 中国石油大学(华东), 2018.

[87] Willig K I, Rizzoli S O, Westphal V, et al. STED microscopy reveals that synaptotagmin remains clustered after synaptic vesicle exocytosis[J]. Nature, 2006, 440 (7086): 935-939.

[88] Wildanger D, Medda R, Kastrup L, et al. A compact STED microscope providing 3D nanoscale resolution[J]. Journal of Microscopy, 2009, 236(1): 35-43.

[89] Dyba M, Hell S W. Focal spots of size λ/23 open up far-field florescence microscopy at 33nm axial resolution[J]. Physical Review Letters, 2002, 88(16): 163901-163904.

[90] Dempsey G T, Vaughan J C, Chen K H, et al. Evaluation of fluorophores for optimal performance in localization-based super-resolution imaging[J]. Nature Methods, 2011, 8(12): 1027-1036.

[91] Gao J, Wang F, Liu Y, et al. Revealing the cellular localization of STAT1 during the cell cycle by super-resolution imaging[J]. Scientific Reports, 2015, 5(1): 1-8.

[92] Wang Y, Fruhwirth G, Cai E, et al. 3D super-resolution imaging with blinking quantum dots[J]. Nano Letters, 2013, 13(11): 5233-5241.

[93] Huang B, Wang W, Bates M, et al. Three-dimensional super-resolution imaging by stochastic optical reconstruction microscopy[J]. Science, 2008, 319(5864): 810-813.

[94] Betzig E, Patterson G H, Sougrat R, et al. Imaging intracellular fluorescent proteins at nanometer resolution[J]. Science, 2006, 31: 1642-1645.

[95] Watanabe T M, Fukui S, Jin T, et al. Real-time nanoscopy by using blinking enhanced quantum dots[J]. Biophysical Journal, 2010, 99(7): L50-L52.

[96] Hoyer P, Staudt T, Engelhardt J, et al. Quantum dot blueing and blinking enables fluorescence nanoscopy[J]. Nano Letters, 2011, 11(1): 245-250.

[97] Lao J, He H, Wang X, et al. Single-molecule imaging demonstrates ligand regulation of the oligomeric status of CXCR4 in living cells[J]. Journal of Physical Chemistry B, 2017, 121(7): 1466-1474.

[98] Harding A S, Hancock J F. Using plasma membrane nanoclusters to build better signaling circuits[J]. Trends in Cell Biology, 2008, 18(8): 364-371.

[99] Manz B N, Groves J T. Spatial organization and signal transduction at intercellular junctions[J]. Nature Reviews Molecular Cell Biology, 2010, 11(5): 342-352.

[100] Bethani I, Skanland S S, Dikic I, et al. Spatial organization of transmembrane receptor signalling[J]. EMBO Journal, 2010, 29(16): 2677-2688.

[101] Tanaka K A, Suzuki K G, Shirai Y M, et al. Membrane molecules mobile even after chemical fixation[J]. Nature Methods, 2010, 7(11): 865-866.

[102] Greenfield D, McEvoy A L, Shroff H, et al. Self-organization of the Escherichia coli chemotaxis network imaged with super-resolution light microscopy[J]. PLoS Biology, 2009, 7(6): e1000137.

[103] Annibale P, Vanni S, Scarselli M, et al. Quantitative photo activated localization microscopy: unraveling the effects of photoblinking[J]. PLoS One, 2011, 6(7): e22678.

[104] Annibale P, Vanni S, Scarselli M, et al. Identification of clustering artifacts in photoactivated localization microscopy[J]. Nature Methods, 2011, 8(7): 527-528.

[105] Sengupta P, Lippincott-Schwartz J. Quantitative analysis of photoactivated localization microscopy (PALM) datasets using pair-correlation analysis[J]. Bioessays, 2012, 34(5): 396-405.

[106] Scarselli M, Annibale P, Radenovic A. Cell type-specific β2-adrenergic receptor clusters identified using photoactivated localization microscopy are not lipid raft related, but depend on actin cytoskeleton integrity[J]. Journal of Biological Chemistry, 2012, 287(20): 16768-16780.

[107] Ganguly S, Clayton A H, Chattopadhyay A. Organization of higher-order oligomers of the serotonin(1)(A) receptor explored utilizing homo-FRET in live cells[J]. Biophysical Journal, 2011, 100(2): 361-368.

[108] He H, Liu L, Chen X, et al. Carbon dot blinking enables accurate molecular counting at nanoscale resolution[J]. Analytical Chemistry, 2021, 93(8): 3968-3975.

[109] Shaner N C, Steinbach P A, Tsien R Y. A guide to choosing fluorescent proteins[J]. Nature Methods, 2005, 2(12): 905-909.

[110] Giepmans B N, Adams S R, Ellisman M H, et al. The fluorescent toolbox for assessing protein location and function[J]. Science 2006, 312(5771): 217-224.

[111] Shimomura O, Johnson F H, Saiga Y. Extraction, purification and properties of aequorin, a bioluminescent protein from the luminous hydromedusan, Aequorea. [J]. Journal of Cellular and Comparative Physiology, 1962, 59(3): 223-239.

[112] Griesbeck O. Fluorescent proteins as sensors for cellular functions[J]. Current Opinion in Neurobiology, 2004, 14(5): 636-641.

[113] Zacharias D A, Violin J D, Newton A C, et al. Partitioning of lipid-modified monomeric GFPs into membrane microdomains of live cells[J]. Science, 2002, 296(5569): 913-916.

[114] Murakoshi H, Iino R, Kobayashi T, et al. Single molecule imaging analysis of Ras activation in living cells[J]. Proceedings of the National Academy of Sciences of the United States of America, 2004, 101(19): 7317-7322.

[115] Elf J, Li G W, Xie X S. Probing transcription factor dynamics at the single-molecule level in a living cell[J]. Science, 2007, 316(5828): 1191-1194.

[116] Hibino K, Shibata T, Yanagida T, et al. A RasGTP-induced conformational change in C-RAF is essential for accurate molecular recognition[J]. Biophysical Journal, 2009, 97(5): 1277-1287.

[117] Jin D, Xi P, Wang B, et al. Nanoparticles for super-resolution microscopy and single-molecule tracking[J]. Nature Methods, 2018, 15(6): 415-423.

[118] Resch-Genger U, Grabolle M, Cavaliere-Jaricot S, et al. Quantum dots versus organic dyes as fluorescent labels[J]. Nature Methods, 2008, 5(9): 763-775.

[119] Alivisatos A P, Gu W, Larabell C. Quantum dots as cellular probes[J]. Annual Review of Biomedical Engineering, 2005, 7: 55-76.

[120] Medintz I L, Uyeda H T, Goldman E R, et al. Quantum dot bioconjugates for imaging, labelling and sensing[J]. Nature Materials, 2005, 4(6): 435-446.

[121] Michalet X, Pinaud F F, Bentolila L A, et al. Quantum dots for live cells, in vivo imaging, and diagnostics[J]. Science, 2005, 307(5709): 538-544.

[122] Jaiswal J K, Goldman E R, Mattoussi H, et al. Use of quantum dots for live cell imaging[J]. Nature Methods, 2004, 1 (1): 73-78.

[123] Jaiswal J K, Simon S M. Potentials and pitfalls of fluorescent quantum dots for biological imaging[J]. Trends in Cell Biology, 2004, 14(9): 497-504.

[124] Pinaud F, Clarke S, Sittner A, et al. Probing cellular events, one quantum dot at a time[J]. Nature Methods, 2010, 7(4): 275-285.

[125] Liu S L, Zhang Z L, Sun E Z, et al. Visualizing the endocytic and exocytic processes of wheat germ agglutinin by quantum dot-based single-particle tracking[J]. Biomaterials, 2011, 32 (30): 7616-7624.

[126] Chen X, Li R, Liu Z, et al. Small photoblinking semiconductor polymer dots for fluorescence nanoscopy[J]. Advanced Materials, 2017, 29(5): 1604850.

[127] Yu J, Wu C, Sahu S P, et al. Nanoscale 3D tracking with conjugated polymer nanoparticles[J]. Journal of the American Chemical Society, 2009, 131(51): 18410-18414.

[128] Felce J H, Davis S J, Klenerman D. Single-molecule analysis of G protein-coupled receptor stoichiometry: approaches and limitations[J]. Trends in Pharmacological Sciences, 2018, 39 (2): 96-108.

[129] Yasui M, Hiroshima M, Kozuka J, et al. Automated single-molecule imaging in living cells[J]. Nature Communications, 2018, 9(1): 1-11.

[130] Li J, Zhang L, Johnson-Buck A, et al. Automatic classification and segmentation of single-molecule fluorescence time traces with deep learning[J]. Nature Communications, 2020, 11 (1): 1-11.

[131] Möckl L, Roy A R, Moerner W. Deep learning in single-molecule microscopy: fundamentals, caveats, and recent developments[J]. Biomedical Optics Express, 2020, 11(3): 1633-1661.

[132] Hinton G E, Osindero S, Teh Y W. A fast learning algorithm for deep belief nets[J]. Neural Computation, 2006, 18(7): 1527-1554.

[133] Webb S. Deep learning for biology[J]. Nature, 2018, 554(7693): 555-557.

[134] LeCun Y, Bengio Y, Hinton G. Deep learning[J]. Nature, 2015, 521(7553): 436-444.

[135] 张琪. 基于卷积神经网络的病理图像分类[D]. 青岛: 青岛大学, 2019.

[136] Taylor G W, Fergus R, LeCun Y, et al. Convolutional learning of spatio-temporal features in

European Conference on Computer Vision [M]. Berlin: Springer, 2010.

[137] Ye Z, Yu J. AKSNet: A novel convolutional neural network with adaptive kernel width and sparse regularization for machinery fault diagnosis [J]. Journal of Manufacturing Systems, 2021, 59: 467-480.

[138] Rawat W, Wang Z. Deep convolutional neural networks for image classification: A comprehensive review[J]. Neural Computation, 2017, 29(9): 2352-2449.

[139] Iqbal M A, Wang Z, Ali Z A, et al. Automatic fish species classification using deep convolutional neural networks[J]. Wireless Personal Communications, 2014, 116(2), 1043-1053.

[140] Hochreiter S, Schmidhuber J. Long short-term memory[J]. Neural Computation, 1997, 9(8): 1735-1780.

[141] Xu J, Qin G, Luo F, et al. Automated stoichiometry analysis of single-molecule fluorescence imaging traces via deep learning[J]. Journal of the American Chemical Society, 2019, 141(17): 6976-6985.

[142] Wang Q, He H, Zhang Q, et al. Deep-learning-assisted single-molecule tracking on a live cell membrane[J]. Analytical Chemistry, 2021, 93(25): 8810-8816.

[143] Ouyang W, Aristov A, Lelek M, et al. Deep learning massively accelerates super-resolution localization microscopy[J]. Nature Biotechnology, 2018, 36(5): 460-468.

[144] Balkwill F. Cancer and the chemokine network[J]. Nature Reviews Cancer, 2004, 4(7): 540-550.

[145] Dorsam R T, Gutkind J S. G-protein-coupled receptors and cancer[J]. Nature Reviews. Cancer, 2007, 7(2): 79-94.

[146] Yagi H, Tan W, Dillenburg-Pilla P, et al. A synthetic biology approach reveals a CXCR4-G13-Rho signaling axis driving transendothelial migration of metastatic breast cancer cells[J]. Science Signaling, 2011, 4(191): 60.

[147] Vila-Coro A J, RodrÍGuez-Frade J M, MartÍN De Ana A N A, et al. The chemokine SDF-1α triggers CXCR4 receptor dimerization and activates the JAK/STAT pathway[J]. FASEB Journal, 1999, 13(13): 1699-1710.

[148] Busillo J M, Benovic J L. Regulation of CXCR4 signaling[J]. Biochimica Et Biophysica Acta 2007, 1768(4): 952-963.

[149] Marchese A, Chen C, Kim Y M, et al. The ins and outs of G protein-coupled receptor trafficking[J]. Trends in Biochemical Sciences, 2003, 28(7): 369-376.

[150] Wright L M, Maloney W, Yu X, et al. Stromal cell-derived factor-1 binding to its chemokine receptor CXCR4 on precursor cells promotes the chemotactic recruitment, development and survival of human osteoclasts[J]. Bone, 2005, 36(5): 840-853.

[151] Tilton B B, Ho L, Oberlin E, et al. Signal transduction by CXC chemokine receptor 4: stromal cell-derived factor 1stimulates prolonged protein kinase B and extracellular signal-regulated kinase 2 activation in T lymphocytes[J]. Journal of Experimental Medicine, 2000, 192

(3): 313-324.

[152] Zou Y R, Kottmann A H, Kuroda M, et al. Function of the chemokine receptor CXCR4 in haematopoiesis and in cerebellar development[J]. Nature, 1998, 393: 595-599.

[153] Vroon A, Heijnen C J, Raatgever R, et al. GRK6 deficiency is associated with enhanced CXCR4-mediated neutrophil chemotaxis in vitro and impaired responsiveness to G-CSF in vivo[J]. Journal of Leukocyte Biology, 2004, 75(4): 698-704.

[154] Nagasawa T, Hirota S, Tachibana K, et al. Defects of B-cell lymphopoiesis and bone-marrow myelopoiesis in mice lacking the CXC chemokine PBSF/SDF-1[J]. Nature, 1996, 382: 635-638.

[155] Moser B, Ebert L. Lymphocyte traffic control by chemokines: follicular B helper T cell[J]. Immunology Letters, 2003, 85: 105-112.

[156] Sun Y, Cheng Z, Ma L, et al. Beta-arrestin2 is critically involved in CXCR4-mediated chemotaxis and this is mediated by its enhancement of p38 MAPK activation[J]. Journal of Biological Chemistry, 2002, 277(51): 49212-49219.

[157] Busillo J M, Armando S, Sengupta R, et al. Site-specific phosphorylation of CXCR4 is dynamically regulated by multiple kinases and results in differential modulation of CXCR4 signaling[J]. Journal of Biological Chemistry, 2010, 285(10): 7805-7817.

[158] Bajetto A, Barbero S, Bonavia R, et al. Stromal cell-derived factor-1alpha induces astrocyte proliferation through the activation of extracellular signal-regulated kinases 1/2 pathway[J]. Journal of Neurochemistry, 2001, 77: 1226-1236.

[159] Ganju R K, Brubaker S A, Meyer J, et al. The α-chemokine, stromal cell-derived factor-1, binds to the transmembrane G-protein-coupled CXCR-4 receptor and activates multiple signal transduction pathways[J]. Journal of Biological Chemistry, 1998, 273(36): 23169-23175.

[160] Delgado-Martin C, Escribano C, Pablos J L, et al. Chemokine CXCL12 uses CXCR4 and a signaling core formed by bifunctional Akt, extracellular signal-regulated kinase (ERK) 1/2, and mammalian target of rapamycin complex 1 (mTORC1) proteins to control chemotaxis and survival simultaneously in mature dendritic cells[J]. Journal of Biological Chemistry, 2011, 286(43): 37222-37236.

[161] Huang C Y, Lee C Y, Chen M Y, et al. Stromal cell-derived factor-1/CXCR4 enhanced motility of human osteosarcoma cells involves MEK1/2, ERK and NF-kappaB-dependent pathways[J]. Journal of Cellular Physiology, 2009, 221(1): 204-212.

[162] Oberlin E, Amara A, Bachelerie F, et al. The CXC chemokine SDF-1 is the ligand for LESTR/fusin and prevents infection by T-cell-line-adapted HIV-1[J]. Nature, 1996, 382(6594): 833-835.

[163] Babcock G J, Farzan M, Sodroski J. Ligand-independent dimerization of CXCR4, a principal HIV-1 coreceptor[J]. Journal of Biological Chemistry, 2003, 278(5): 3378-3385.

[164] Percherancier Y, Berchiche Y A, Slight I, et al. Bioluminescence resonance energy transfer reveals ligand-induced conformational changes in CXCR4homo- and heterodimers[J]. Journal of Biological Chemistry, 2005, 280(11): 9895-9903.

[165] Wu B, Chien E Y T, Mol C D, et al. Structures of the CXCR4 Chemokine GPCR with Small-Molecule and Cyclic Peptide Antagonists[J]. Science, 2010, 330(6007): 1066-1071.

[166] Axelrod D. Lateral motion of membrane proteins and biological function[J]. Journal of Membrane Biology, 1983, 75(1): 1-10.

[167] Ronchi P, Colombo S, Francolini M, et al. Transmembrane domain-dependent partitioning of membrane proteins within the endoplasmic reticulum[J]. Journal of Cell Biology, 2008, 181(1): 105-118.

[168] Li H, Dou S -X, Liu Y -R, et al. Mapping intracellular diffusion distribution using single quantum dot tracking: compartmentalized diffusion defined by endoplasmic reticulum [J]. Journal of the American Chemical Society, 2015, 137(1): 436-444.

[169] Szymanski C J, Humphries IV W H, Payne C K. Single particle tracking as a method to resolve differences in highly colocalized proteins[J]. Analyst, 2011, 136(17): 3527-3533.

[170] Kilpatrick L E, Hill S J. The use of fluorescence correlation spectroscopy to characterize the molecular mobility of fluorescently labelled G protein - coupled receptors [J]. Biochemical Society Transactions, 2016, 44(2): 624-629.

[171] Verkman A S. Solute and macromolecule diffusion in cellular aqueous compartments[J]. Trends in Biochemical Sciences, 2002, 27(1): 27-33.

[172] Braeckmans K, Deschout H, Demeester J, et al, Measuring molecular dynamics by FRAP, FCS, and SPT, in Optical Fluorescence Microscopy[M]. Heidelberg: Springer, 2011.

[173] Huang L -L, Xie H -Y. Progress on the labeling and single-particle tracking technologies of viruses[J]. Analyst, 2014, 139(13): 3336-3346.

[174] Yokota H. Fluorescence microscopy for visualizing single-molecule protein dynamics[J]. Biochimica et Biophysica Acta (BBA)-General Subjects, 2020, 1864(2): 129362.

[175] Galland C, Ghosh Y, Steinbrück A, et al. Two types of luminescence blinking revealed by spectroelectrochemistry of single quantum dots[J]. Nature, 2011, 479(7372): 203-207.

[176] Sharma A, Das J. Small molecules derived carbon dots: synthesis and applications in sensing, catalysis, imaging, and biomedicine[J]. Journal of Nanobiotechnology, 2019, 17(1): 1-24.

[177] Deng H, Tian C, Chen S, et al. Highly luminescent N-doped carbon dots as a fluorescence detecting platform for Fe^{3+} in solution and living cells[J]. Analyst, 2020, 145(14): 4931-4936.

[178] Bhunia S K, Saha A, Maity A R, et al. Carbon nanoparticle-based fluorescent bioimaging probes[J]. Scientific Reports, 2013, 3(1): 1-7.

[179] Wang W, Zhang Q, Zhang M, et al. Multifunctional red carbon dots: a theranostic platform for magnetic resonance imaging and fluorescence imaging-guided chemodynamic therapy[J].

Analyst, 2020, 145(10): 3592-3597.

[180] Song Y, Guo L, Du Y, et al. Dual emission N-doped carbon dot@ benzotrithiophene tricarbaldehyde-terephthalic dihydrazide covalent organic framework[J]. Chemical Communications, 2020, 56(94): 14913-14916.

[181] Li L, Lian Z, Yan X, et al. An evaporation induced self-assembly approach to prepare polymorphic carbon dot fluorescent nanoprobes for protein labelling[J]. Chemical Communications, 2018, 54(93): 13123-13126.

[182] Wang Y, Lu L, Peng H, et al. Multi-doped carbon dots with ratiometric pH sensing properties for monitoring enzyme catalytic reactions[J]. Chemical Communications, 2016, 52(59): 9247-9250.

[183] Deng Z, Liu C, Jin Y, et al. High quantum yield blue-and orange-emitting carbon dots: one-step microwave synthesis and applications as fluorescent film, fingerprint and cellular imaging[J]. Analyst, 2019, 144(15): 4569-4574.

[184] Liu M L, Chen B B, Li C M, et al. Carbon dots: synthesis, formation mechanism, fluorescence origin and sensing applications[J]. Green Chemistry, 2019, 21(3): 449-471.

[185] Langer M, Paloncýová M, Medved' M, et al. Progress and challenges in understanding of photoluminescence properties of carbon dots based on theoretical computations[J]. Applied Materials Today, 2021, 22: 100924.

[186] Leménager G, De Luca E, Sun Y P, et al. Super-resolution fluorescence imaging of biocompatible carbon dots[J]. Nanoscale, 2014, 6(15): 8617-8623.

[187] Chizhik A M, Stein S, Dekaliuk M O, et al. Super-resolution optical fluctuation bio-imaging with dual-color carbon nanodots[J]. Nano Letters, 2016, 16(1): 237-242.

[188] Das A, Gude V, Roy D, et al. On the molecular origin of photoluminescence of nonblinking carbon dot[J]. Journal of Physical Chemistry C, 2017, 121(17): 9634-9641.

[189] 劳军．人趋化因子受体 CXCR4 聚集行为的研究[D]．青岛：中国石油大学(华东)，2018.

[190] Zeng Y L, Jiang L, Cai X Y, et al. Identification of the characteristic vibrations for 16 PAHs based on Raman spectrum[J]. Spectroscopy and Spectral Analysis, 2014, 34(11): 2999-3004.

[191] Yang H, Liu Y, Guo Z, et al. Hydrophobic carbon dots with blue dispersed emission and red aggregation-induced emission[J]. Nature Communications, 2019, 10(1): 1-11.

[192] Sarkar S, Gandla D, Venkatesh Y, et al. Graphene quantum dots from graphite by liquid exfoliation showing excitation-independent emission, fluorescence upconversion and delayed fluorescence[J]. Physical Chemistry Chemical Physics, 2016, 18(31): 21278-21287.

[193] Li Y, Wang Y, Wang Q, et al. Achieving the super gas-wetting alteration by functionalized nano-silica for improving fluid flowing capacity in gas condensate reservoirs[J]. ACS Applied Materials & Interfaces, 2021, 13(9): 10996-11006.

[194] Pan D, Zhang J, Li Z, et al. Observation of pH-, solvent-, spin-, and excitation-dependent blue photoluminescence from carbon nanoparticles[J]. Chemical Communications, 2010, 46(21): 3681-3683.

[195] Zhu S, Song Y, Zhao X, et al. The photoluminescence mechanism in carbon dots (graphene quantum dots, carbon nanodots, and polymer dots): current state and future perspective[J]. Nano Research, 2015, 8(2): 355-381.

[196] Song Y, Zhu S, Zhang S, et al. Investigation from chemical structure to photoluminescent mechanism: a type of carbon dots from the pyrolysis of citric acid and an amine[J]. Journal of Materials Chemistry C, 2015, 3(23): 5976-5984.

[197] Zhu S, Song Y, Wang J, et al. Photoluminescence mechanism in graphene quantum dots: Quantum confinement effect and surface/edge state[J]. Nano Today, 2017, 13: 10-14.

[198] Ghosh S, Chizhik AM, Karedla N, et al. Photoluminescence of carbon nanodots: Dipole emission centers and electron-phonon coupling[J]. Nano Letters, 2014, 14(10): 5656-5661.

[199] Nirmal M, Dabbousi B O, Bawendi M G, et al. Fluorescence intermittency in single cadmium selenide nanocrystals[J]. Nature, 1996, 383(6603): 802-804.

[200] Martínez-Muñoz L, Rodríguez-Frade J M, Barroso R, et al. Separating actin-dependent chemokine receptor nanoclustering from dimerization indicates a role for clustering in CXCR4 signaling and function[J]. Molecular Cell, 2018, 70(1): 106-119.

[201] Işbilir A, Möller J, Arimont M, et al. Advanced fluorescence microscopy reveals disruption of dynamic CXCR4 dimerization by subpocket-specific inverse agonists[J]. Proceedings of the National Academy of Sciences, 2020, 117(46): 29144-29154.

[202] Khan N U, He H, Wang X, et al. A two-color fluorescence enhanced dot-blot assay for revealing co-operative expression of chemokine receptors in cells[J]. Chemical Communications, 2018, 54(7): 778-781.

[203] Leake M C, Chandler J H, Wadhams G H, et al. Stoichiometry and turnover in single, functioning membrane protein complexes[J]. Nature, 2006, 443(7109): 355-358.

[204] Huber T, Sakmar Thomas P. Chemical biology methods for investigating G protein-coupled receptor signaling[J]. Chemistry & Biology, 2014, 21(9): 1224-1237.

[205] Hilger D, Masureel M, Kobilka B K. Structure and dynamics of GPCR signaling complexes[J]. Nature Structural & Molecular Biology, 2018, 25: 4-12.

[206] Kasai R S, Kusumi A. Single-molecule imaging revealed dynamic GPCR dimerization[J]. Current Opinion in Cell Biology, 2014, 27: 78-86.

[207] Aurousseau M R, McGuire H, Blunck R, et al, A step-by-step guide to single-subunit counting of membrane-bound proteins in mammalian cells[J]. Ionotropic Glutamate Receptor Technologies, 2016: 15-30.

[208] Snaar-Jagalska B, Cambi A, Schmidt T, et al, Single-molecule imaging technique to study

the dynamic regulation of GPCR function at the plasma membrane[J]. Methods in Enzymology. 2013: 47-67.

[209] Hern J A, Baig A H, Mashanov G I, et al. Formation and dissociation of M1muscarinic receptor dimers seen by total internal reflection fluorescence imaging of single molecules[J]. Proceedings of the National Academy of Sciences of the United States of America, 2010, 107(6): 2693-2698.

[210] Kasai R S, Suzuki K G, Prossnitz E R, et al. Full characterization of GPCR monomerdimer dynamic equilibrium by single molecule imaging[J]. Journal of Cell Biology, 2011, 192(3): 463-480.

[211] Zhao R, Li N, Xu J, et al. Quantitative single-molecule study of TGF-β/Smad signaling[J]. Acta Biochimica et Biophysica Sinica, 2018, 50(1): 51-59.

[212] Ueno T, Nagano T. Fluorescent probes for sensing and imaging[J]. Nature Methods, 2011, 8(8): 642-645.

[213] Alcor D, Gouzer G, Triller A. Single-particle tracking methods for the study of membrane receptors dynamics[J]. European Journal of Neuroscience, 2009, 30(6): 987-997.

[214] Richards C I, Luong K, Srinivasan R, et al. Live-cell imaging of single receptor composition using zero-mode waveguide nanostructures[J]. Nano Letters, 2012, 12(7): 3690-3694.

[215] Kovtun O, Torres R, Ferguson R S, et al. Single quantum dot tracking unravels agonist effects on the dopamine receptor dynamics[J]. Biochemistry, 2020, 60(13): 1031-1043.

[216] Chang Y P, Pinaud F, Antelman J, et al. Tracking bio-molecules in live cells using quantum dots[J]. Journal of Biophotonics, 2008, 1(4): 287-298.

[217] Le P, Vaidya R, Smith L D, et al. Optimizing quantum dot probe size for single-receptor imaging[J]. ACS Nano, 2020, 14: 8343-8358.

[218] Ju L, Lyu A, Hao H, et al. Deep learning-assisted three-dimensional fluorescence difference spectroscopy for identification and semiquantification of illicit drugs in biofluids[J]. Analytical Chemistry, 2019, 91(15): 9343-9347.

[219] Campanella G, Hanna M G, Geneslaw L, et al. Clinical-grade computational pathology using weakly supervised deep learning on whole slide images[J]. Nature Medicine, 2019, 25(8): 1301-1309.

[220] Wheat J C, Sella Y, Willcockson M, et al. Single-molecule imaging of transcription dynamics in somatic stem cells[J]. Nature, 2020, 583(7816): 431-436.

[221] Nehme E, Weiss L E, Michaeli T, et al. Deep-STORM: super-resolution single-molecule microscopy by deep learning[J]. Optica, 2018, 5(4): 458-464.

[222] Zhang P, Liu S, Chaurasia A, et al. Analyzing complex single-molecule emission patterns with deep learning[J]. Nature Methods, 2018, 15(11): 913-916.

[223] Ovesny M, Krizek P, Borkovec J, et al. ThunderSTORM: a comprehensive ImageJ plug-in for PALM and STORM data analysis and super-resolution imaging[J]. Bioinformatics, 2014,

30(16): 2389-2390.

[224] Zhang M, Zhou Z. A k-nearest neighbor based algorithm for multi-label classification, in IEEE International Conference on Granular Computing. 2005, IEEE, 718-721.

[225] Kalantar B, Pradhan B, Naghibi S A, et al. Assessment of the effects of training data selection on the landslide susceptibility mapping: a comparison between support vector machine (SVM), logistic regression (LR) and artificial neural networks (ANN)[J]. Geomatics, Natural Hazards and Risk, 2018, 9(1): 49-69.

[226] Beletkaia E, Fenz S F, Pomp W, et al. CXCR4 signaling is controlled by immobilization at the plasma membrane[J]. Biochimica et Biophysica Acta (BBA)-Molecular Cell Research, 2016, 1863(4): 607-616.

[227] Prechelt L. Automatic early stopping using cross validation: quantifying the criteria[J]. Neural Networks, 1998, 11(4): 761-767.

[228] Jacobson O, Weiss I D. CXCR4 chemokine receptor overview: biology, pathology and applications in imaging and therapy[J]. Theranostics, 2013, 3(1): 1-2.

[229] Wang W, Qiao Y, Li Z. New Insights into Modes of GPCR Activation[J]. Trends in Pharmacological Sciences, 2018, 39(4): 367-386.

[230] Wolfe B L, Trejo J. Clathrin-dependent mechanisms of G protein-coupled receptor endocytosis[J]. Traffic, 2007, 8(5): 462-470.

[231] He H, Wang X, Cheng T, et al. An ultra-high fluorescence enhancement and high throughput assay for revealing expression and internalization of chemokine receptor CXCR4 [J]. Chemistry-A European Journal, 2016, 22(17): 5863-5867.

[232] Pierce K, Premont R, Lefkowitz R. Seven-transmembrane receptors[J]. Nature Reviews Molecular Cell Biology, 2002, 3: 639-650.

[233] Kreda S M, Pickles R J, Lazarowski E R, et al. G-protein-coupled receptors as targets for gene transfer vectors using natural small-molecule ligands[J]. Nature Biotechnology, 2000, 18(6): 635-640.

[234] Wang J, Hua T, Liu Z. -J. Structural features of activated GPCR signaling complexes[J]. Current Opinion in Structural Biology, 2020, 63: 82-89.

[235] Milligan G, Ward R J, Marsango S. GPCR homo-oligomerization[J]. Current Opinion in Cell Biology, 2019, 57: 40-47.

[236] Dijkman P M, Castell O K, Goddard A D, et al. Dynamic tuneable G protein-coupled receptor monomer-dimer populations[J]. Nature Communications, 2018, 9(1): 1-14.

[237] Hamatake M, Aoki T, Futahashi Y, et al. Ligand-independent higher-order multimerization of CXCR4, a G-protein-coupled chemokine receptor involved in targeted metastasis[J]. Cancer Science, 2009, 100(1): 95-102.

[238] Carriba P, Navarro G, Ciruela F, et al. Detection of heteromerization of more than two proteins by sequential BRET-FRET[J]. Nature Methods, 2008, 5(8): 727-733.

[239] Ciruela F, Vilardaga J P, Fernández Dueñas V. Lighting up multiprotein complexes: lessons from GPCR oligomerization[J]. Trends in Biotechnology, 2010, 28(8): 407-415.

[240] Bouvier M, Heveker N, Jockers R, et al. BRET analysis of GPCR oligomerization: newer does not mean better[J]. Nature Methods, 2007, 4(1): 3-4.

[241] Wang Q, Feng Z, He H, et al. Nonblinking carbon dots for imaging and tracking receptors on a live cell membrane[J]. Chemical Communications, 2021, 57: 5554-5557.

[242] Iino R, Koyama I, Kusumi A. Single molecule imaging of green fluorescent proteins in living cells: E-cadherin forms oligomers on the free cell surface[J]. Biophysical Journal, 2001, 80: 2667-2677.

[243] Das S K, Darshi M, Cheley S, et al. Membrane protein stoichiometry determined from the step-wise photobleaching of dye-labelled subunits[J]. ChemBioChem, 2007, 8(9): 994-999.

[244] Chen H, Xie X, Chen T. Single-molecule microscopy for in-cell quantification of protein oligomeric stoichiometry[J]. Current Opinion in Structural Biology, 2021, 66: 112-118.

[245] Wang X, Sun X, Lao J, et al. Multifunctional graphene quantum dots for simultaneous targeted cellular imaging and drug delivery[J]. Colloids and Surfaces B: Biointerfaces, 2014, 122: 638-644.

[246] He H, Liu X, Li S, et al. High-density super-resolution localization imaging with blinking carbon dots[J]. Analytical Chemistry, 2017, 89(21): 11831-11838.

[247] Gulli A, Pal S. Deep learning with Keras[J]. Birmingham: Packt Publishing Ltd, 2017.

[248] Arora A, Lin J -J, Gasperian A, et al. Comparison of logistic regression, support vector machines, and deep learning classifiers for predicting memory encoding success using human intracranial EEG recordings[J]. Journal of Neural Engineering, 2018, 15(066028): 1-15.

[249] Noble W S. What is a support vector machine? [J]. Nature Biotechnology, 2006, 24(12): 1565-1567.

[250] Otukei J R, Blaschke T. Land cover change assessment using decision trees, support vector machines and maximum likelihood classification algorithms[J]. International Journal of Applied Earth Observation and Geoinformation, 2010, 12: S27-S31.

[251] Rodriguez-Galiano V F, Ghimire B, Rogan J, et al. An assessment of the effectiveness of a random forest classifier for land-cover classification[J]. ISPRS Journal of Photogrammetry and Remote Sensing, 2012, 67: 93-104.

[252] Huang Y, Gao Y, Gan Y, et al. A new financial data forecasting model using genetic algorithm and long short-term memory network[J]. Neurocomputing, 2021, 425: 207-218.

[253] Kingma D P, Ba J. Adam: A method for stochastic optimization[J]. arXiv preprint arXiv: 1412.6980, 2014.

[254] Van der Maaten L, Hinton G. Visualizing data using t-SNE[J]. Journal of Machine Learning Research, 2008, 9(11): 2579-2605.

[255] Roman-Rangel E, Marchand-Maillet S. Inductive t-SNE via deep learning to visualize multi-

label images[J]. Engineering Applications of Artificial Intelligence, 2019, 81: 336-345.

[256] Perez H, Tah J H. Improving the accuracy of convolutional neural networks by identifying and removing outlier images in datasets using t-SNE[J]. Mathematics, 2020, 8(5): 662.

[257] Zhu W, Webb Z T, Mao K, et al. A deep learning approach for process data visualization using t-distributed stochastic neighbor embedding[J]. Industrial & Engineering Chemistry Research, 2019, 58(22): 9564-9575.

[258] Spiwok V, Kříž P. Time-lagged t-distributed stochastic neighbor embedding (t-SNE) of molecular simulation trajectories[J]. Frontiers in Molecular Biosciences, 2020, 7: 132.

[259] Teicher B A, Fricker S P. CXCL12 (SDF-1)/CXCR4 pathway in cancer[J]. Clinical Cancer Research, 2010, 16: 2927-2931.

[260] Hauser M A, Schaeuble K, Kindinger I, et al. Inflammation-induced CCR7 oligomers form scaffolds to integrate distinct signaling pathways for efficient cell migration[J]. Immunity, 2016, 44(1): 59-72.

[261] Signoret N, Oldridge J, Pelchen-Matthews A, et al. Phorbol esters and SDF-1 induce rapid endocytosis and down modulation of the chemokine receptor CXCR4[J]. Journal of Cell Biology, 1997, 139(3): 651-664.

[262] Förster R, Kremmer E, Schubel A, et al. Intracellular and surface expression of the HIV-1 coreceptor CXCR4/fusin on various leukocyte subsets: rapid internalization and recycling upon activation[J]. Journal of Immunology, 1998, 160(3): 1522-1531.

[263] Lingwood D, Simons K. Lipid rafts as a membrane-organizing principle[J]. Science, 2010, 327(5961): 46-50.

[264] Patra S K. Dissecting lipid raft facilitated cell signaling pathways in cancer[J]. Biochimica et Biophysica Acta (BBA)-Reviews on Cancer, 2008, 1785(2): 182-206.

[265] Gao J, Wang Y, Cai M, et al. Mechanistic insights into EGFR membrane clustering revealed by super-resolution imaging[J]. Nanoscale, 2015, 7(6): 2511-2519.

附　录

附表　缩略语对照表

缩略语	中文全称	英文全称
AFM	原子力显微镜	Atomicforce Microscope
AFM&TIRF	原子力-全内反射荧光显微镜联用	Atomic Force Microscope Coupled Total Internal Reflection Fluorescence microscopy
AMD3100	普乐沙福	Plerixafor
BRET	生物发光共振能量转移	Bioluminescenceresonance Energy Transfer
CA	柠檬酸	Citric Acid
CCR3	趋化因子受体 3	Chemokine receptor 3
CDs	碳点	Carbon Dots
CNN	卷积神经网络	Convolutional Neural Network
CXCR4	趋化因子受体 4	Chemokine Receptor
CPZ	氯丙嗪	Chlorpromazine
Cyto D	细胞松弛素 D	Cytochalasin D
D	扩散系数	Diffusion Coefficient
DBP	2，2′-二氨基-1，1′-联萘	2，2′-Diamino-1，1′-Binaphthalen
CNN	卷积神经网络	Conventional Neural Network
DL	深度学习	Deep Learning
DLS	动态光散射	Dynamic Light Scattering
DMEM	培养基	Dulbecco′s Modified Eagle Medium
EDA	乙二胺	Ethylenediamine
EGFP	增强型绿色荧光蛋白	Enhanced Green Fluorescent Protein
EGFR	表皮生长因子受体	Epidermal Growth Factor Receptors
EMCCD	电子倍增电荷耦合器件	Electronmultiplying Charge Coupled Device
FBS	胎牛血清	Foetal Bovine Serum
FCNN	全连接层神经网络	Full Connection Neural Network